WEB3.0

赋能数字经济新时代

杜　雨　张孜铭◎著

中国出版集团

中译出版社

图书在版编目（CIP）数据

WEB3.0：赋能数字经济新时代 / 杜雨，张孜铭著
. -- 北京：中译出版社，2022.6（2022.9 重印）
ISBN 978-7-5001-7093-8

Ⅰ . ① W… Ⅱ . ①杜… ②张… Ⅲ . ① Web 服务器—研
究 Ⅳ . ① TP393.092.1

中国版本图书馆 CIP 数据核字（2022）第 088169 号

WEB3.0：赋能数字经济新时代
WEB3.0：FUNENG SHUZI JINGJI XINSHIDAI

著　　者：杜　雨　张孜铭
策划编辑：于　宇　田玉肖
责任编辑：于　宇
文字编辑：田玉肖
营销编辑：杨　菲　吴一凡

出版发行：中译出版社
地　　址：北京市西城区新街口外大街 28 号普天德胜大厦主楼 4 层
电　　话：（010）68002494（编辑部）
邮　　编：100088
电子邮箱：book@ctph.com.cn
网　　址：http://www.ctph.com.cn
印　　刷：北京顶佳世纪印刷有限公司
经　　销：新华书店
规　　格：710 mm×1000 mm　1/16
印　　张：17.5
字　　数：187 千字
版　　次：2022 年 6 月第 1 版
印　　次：2022 年 9 月第 2 次印刷

ISBN 978-7-5001-7093-8　　　　　定价：69.00 元

Web3.0 主导的一个新的时代正在到来

人类的一切努力的目的，在于获得幸福。

——罗伯特·欧文（Robert Owen）

2022 年，Web3.0 受到前所未有的关注和讨论，一波接一波。但是，Web3.0 需要深入的思考和实践。在这样的背景下，杜雨和张孜铭主持撰写的《WEB3.0：赋能数字经济新时代》得以出版，实在是及时和重要的。

在互联网历史上，人们提出 Web3.0 的时间可以追溯到 2006 年。那时，距离 2008 年世界金融危机爆发、"中本聪"创造比特币还有 2 年时间，区块链对于人们来说还是极为生疏的概念。2006 年 11 月，雅虎（Yahoo）创始人杨致远在 TechNet 峰会上，针对当时 Web2.0 已经显现的硬件和软件问题，提出网络的力量已经到达了一个临界点，所以需要 Web3.0 这样的真正公共网络载体，消除专业、半专业和消费者之间的清晰界限，可以共同创造一种网络互动和网络效应的商业和应用程序。之后，谷歌（Google）首席执行官埃里克·施密特（Eric Emerson Schmidt）、奈飞（Netflix）创始人里德·哈斯廷斯（Reed Hastings），以及互联网界其他有影响力的人物，纷纷阐述过 Web3.0 的内涵。但是，人们并没有形成对 Web3.0 公认的定义。维基百科对 Web3.0 的定义做了一个技术性的罗列描述：Web3.0 是当前各大技术潮流迈向新的成熟阶段的具体体现，包括互联网、网络计算、开放技术、开放身份、智能网络、分布式数据库、智能应用程序。

直到如今，十余年过去，人们对于 Web3.0 才只是达到了这样的底线式认知：Web1.0 是静态互联网，Web2.0 是平台互联网，Web3.0 是价值互联网。

造成当时的人们对于 Web3.0 认知的滞后和分歧的根本原因是值得探讨的。至少有这样几个原因：（1）Web2.0 暴露出其技术性和制度性问题，人们从不满到难以容忍需要时间；（2）支持 Web3.0 的技术成长需要时间。在 2006 年，还没有比特币，区块链技术尚未成熟；（3）Web3.0 的数字经济生态环境需要时间；（4）Web3.0 的新概念如分布式自治组织（DAO）的注入需要时间。总之，Web3.0 是一个动态的概念，其技术基础不断改变。

2022 年，Web3.0 所主导的一个新时代确实到来。虽然有些姗姗来迟，却正是时候。人们不仅认识到 Web3.0 的核心价值，而且深刻意识到推动 Web3.0 的紧迫性。所谓 Web3.0 的核心价值是要构建一个去中心化、价值共创、按贡献分配的新型网络，而绝非是对现阶段互联网的简单升级；所谓 Web3.0 的紧迫性在于，唯有 Web3.0 可以彻底改变 Web2.0 因为中心化而被权力、资本，或者权力和资本共同的力量所日益深度控制的态势，遏制通过数据垄断所形成的"网络帝国主义"继续扩张的态势，减少以互联网作为基础设施的数字化转型风险，实现互联网回归到向好（For good）的初衷。

所以，2022 年对于互联网的未来发展方向和 Web3.0 都是关键的时刻。也正因为如此，自春天开始越来越多的 Web3.0 的开发者加入，新兴的区块链生态的增长速度比以太坊（Ethereum）在同时期的增长速度更快，越来越多的资本进入 Web3.0。事实上，这样的局面在 2021 年后半期已经开始出现。2021 年底，一群加密爱好者通过 DAO 众筹资金的形式参与竞拍苏富比（Sotheby's）展出的 1787 年《美国宪法》初版印刷本，短短 72 小时众筹超过 4 000 万美元。这被认为是开启了 Web3.0 时代的标志性事件。

相比较于 Web1.0 和 Web2.0，Web3.0 属于人们怀有强烈价值倾向和获得系统性技术支持的互联网重建。在未来相当长的时期内，Web3.0 并不会，也没有必要和可能取代 Web2.0，而是与之平行存在的互联网体系，而且最终胜出。那么，在 2022 年，而不是 2006 年所理解和建构的 Web3.0 究竟有哪些基本特征呢？（1）遵循 DAO 的原则的互联网平台，消除点对点关系之间的中间人，从根本上重构核心社会和经济结构；（2）支持去中心化金融（DeFi）、去中心化科学（DeSci）、去中心化社会（DeSoc），甚至去中心化产业（DeInd）发育；（3）社会资本替代传统资本，进而形成共同创造的集体价值和社区财富，而且可以实现自有资产的处置权，及流量价值的计量权；（4）Web3.0 的各种用户参与平等开放的注意力经济，以参与者、消费者、贡献者等身份，通过多元化代币，实现连接转换为所有权，真正掌控数字自主权，保障"劳者有所得"。例如，引入新的可编程经济模型，将财富分散到整个创作者领域以及所有生态参与者；（5）全方位引入区块链技术：分布式节点、时间戳、哈希值、通证经济（Tokenomics）、智能合约。达到底层设施公共化、应用轻量化和数据层独立化的统一，形成更高层面的全新互联网结构；（6）基于标准化技术接口，提供用户基于基础服务进行二次开发，凭借特定身份识别方式，打通在多平台的数据，将在一个平台的资产和信息转移到另一个平台，打造物理层和传输层，实现平台之间的价值自由流动；（7）有助于增强社区归属感，推动社区经济成为真正的所有权经济，引发社会企业的成长；（8）Web3.0突破"技术中性"的边界，显现真善美的伦理价值。

此外，Web3.0 将引入 IoT、AI3.0 和虚拟现实技术，通过"全息影像"与元宇宙结合，实现货币、公司、社区、城市和国家的物理世界和数字孪生世界的一体化。

如果说，从 Web1.0 到 Web2.0 是渐进和演变，那么，从 Web2.0 到 Web3.0，则是突变，甚至充满了轰轰烈烈的"颠覆"。这是因为，Web3.0 所带来的绝非是仅仅改变互联网经济的商业模式，消除 Web2.0 内卷化的基础，而是在技术层面上进一步实现比特重塑原子，在经济层面上提供了未来数字稀缺性资源和社会财富分配的新模式，使集体和社区拥有未来，而不再是少数大规模企业拥有未来。所以，Web3.0 将不可避免地冲击互联网诞生以来的既得利益结构，特别是强大的传统资本，有助于探索解决全球范围数字经济发展不平等的新路径。根据 a16z 的最新报告，预计 2031 年，Web3.0

用户数将达到 10 亿。这就是说，从更为长远和更为宏观的角度来看，Web3.0 势必影响传统地缘政治，导致以所谓技术政治为基础的全球秩序，影响现代公司制度和国家治理规则和体制。

中国作为一个数字经济大国，需要对 Web3.0 继续持开放和积极的态度。所要解决的是如何"去芜存菁"和建立科学的监管体制。现在需要注意的是，基于云端的监管机构正在超越基于国家的监管机构，以及国际法治正在成为代码规则。

最后，我想强调，Web3.0 的未来道路还很漫长，充满挑战。例如，如何设计公平的权力结构（equitable power structures），实现去中心化的技术和分布式权力的动态性平衡就是具有典型意义的挑战。此外，还有来自保守观念的怀疑论者的挑战，以及现实中的以 Web3.0 名义的商业炒作和投机。但是，历史将会继续证明 Web3.0 的生命力。以太坊的联合创始人之一林嘉文博士（Gavin Wood）将以太坊描述为"一台全球计算机"。最近，维塔利克·布特林（Vitalik Buterin）等人发表的最新论文《去中心化社会：找寻 Web3.0 的灵魂》，试图阐述如何通过灵魂绑定的通证（"soulbound" tokens，简称 SBTs），开启从"自上而下"转变为"自下而上"的社会信用，创建具有可分解、共享权利和权限的新型市场，进而由"灵魂"组建 DAO，构成基于丰富和多元生态系统的去中心化社会。将"灵魂"概念引入区块链和通证领域，且与金融、艺术和 DAO 结合，赋予革命性的内涵，其意义不可低估。可以肯定的是，Web3.0 是一个动态的体系，不断吸纳新的能量和形成新的动力，其所面临的技术困难正在不断得到克服和解决，不断逼近由一个充满理想和理性的群体所设定和调整的目标。

在本书第一章，有一句开卷语，是计算机科学家蒂姆·伯纳斯－李（Tim Berners-Lee）的一句话："30 岁的万维网，已然不是我们想要的互联网了。"所以，需要 Web3.0；所以，需要更多的年轻人，包括本书作者这样的年轻人，不断加入互联网创新，最终使 Web3.0 成为人们希望的、期待的互联网，成为向好的（For good）的互联网。

也许，能达到这样目标的互联网很可能是以 Web3.0 作为重要架构和主要机制，以元宇宙作为展现形式的 Web4.0。

朱嘉明

2022 年 5 月 25 日　海南

数字经济的新篇章

打开淘宝 App 购物、切换微信回复消息……这些再寻常不过的动作似乎已经成为我们日常生活中的一部分，我们浸润在数字化的生态中，享受着数字经济带给我们的便利。而数字经济的基础设施——互联网，不知不觉也迭代到了 3.0 时代。

我记得在我很小的时候，父母会共用一台台式机，连接上总是会出问题的网线，打开一个个静态的网页界面去搜寻信息。看着页面上纷繁复杂的文字和图案，我时常会在心里感叹互联网的奇妙。那是我与 Web1.0 时代的邂逅，这既是我的童年时代，也是互联网的童年时代。

当我长大后，身边的朋友们喜欢前往各大论坛讨论自己喜欢的明星，用还是方方正正边框界面的 QQ 聊天，偶尔还会发博客分享生活中的趣事。不知何时，我们就这样理所应当地步入了 Web2.0 时代，而这个时代的步伐匆忙，好像就在一瞬间，连接互联网的那根网线不见了，取而代之的是通过点击就能连接网络的 Wi-Fi。周围的朋友纷纷放弃过去笨重的板砖状的手机，用上了智能手机，通过无线网自由地在移动互联网的海洋中遨游。手机成为大家日常网上交流的地方，拍张自拍或风景照，配上简短的几句生活感悟，就可以发到微博或微信朋友圈。手机里的应用程序越来越多，有购物的、听音乐的、看视频的，五花八门。

我们在享受着这些平台带给我们的便利之时，我们的生活好像也同时被平台操控着。比如淘宝App的"猜你喜欢"板块，每次一猜，我真的就喜欢上很多商品。然后，在这种推荐机制下，我渐渐地把越来越多的时间用在了淘宝上。我有时会想，我的数据并不是属于我的，而是平台盈利的某种工具。在整个数字经济的运转中，我只是一个客人，坐在餐桌前，等着平台方把一盘又一盘可口的饭菜端到我面前，虽然好吃，但是总觉得不太自由，没有主人翁的感觉。

而就在最近，整个互联网的情况似乎有了很大的改变。伴随着Roblox（罗布乐思）上市，Facebook（脸书）更名为Meta，一个被称作"元宇宙"的概念诞生了，人们迫切希望创造一个不间断运行、去中心化的虚拟社会系统，全方位地拓展我们所生活的空间。而底层支撑系统运作的去中心化金融（DeFi）、非同质化代币（NFT）、分布式自治组织（DAO）等新兴概念，重塑了整个互联网，将世界送入了Web3.0时代，同时也将数据的所有权还给了用户，让用户真正成为数字经济的主人。当我第一次接触Web3.0时，我就被一个个别出心裁的赋权机制震惊到了，然而，这些复杂的原理和概念都有着很高的理解门槛，目前可能还是少数极客（geek）的家园。

　　一个真正开放的、想要将所有权利归还给用户的互联网，又怎能因为理解的困难而将用户拒之门外呢？于是，一个有趣的想法在我脑海中诞生：写一本科普 Web3.0 全景的书吧！抛弃那些繁杂的技术编码和数学公式，把 Web3.0 的方方面面还原给用户，让每个人都可以尽情享受 Web3.0 带来的便利。这本书结合生动的比喻和有趣的故事，向所有关注互联网未来的从业者、投资人、创业者、监管部门以及对此感兴趣的互联网用户科普 Web3.0 的全景。当然，本书也同样适用于 Web3.0 的资深人士阅读，使他们了解更多更全面的 Web3.0 案例。最后，希望大家都能走进 Web3.0 的世界，共同迎接数字经济带来的新篇章！

　　本书由杜雨、张孜铭负责统筹与编写。此外，其他编写者包括，许浩：主要编写第一章；金鑫磊、向雨欣：参与编写第三章；陈胤雅、王怡萱、张之耀：参与编写第四章；刘军男：参与编写第五章；叶梦真：参与编写第六章。

　　在本书编写工作中，感谢未可知大家庭的所有成员一直以来对我们的鼓舞，感谢中译出版社、零壹财经对我们的支持，感谢柏亮、穆蓉、王曦、吴琛等朋友对我们的帮助。

编　者

2022 年 4 月

目　录

第三章

Web3.0 的金融系统：DeFi

第四章

Web3.0 的数字商品：NFT

第五章

Web3.0 的组织范式：DAO

第六章

Web3.0 生态的参与者

第一章

从 Web1.0 到 Web3.0

30 岁的万维网，已然不是我们想要的互联网了。

——蒂姆·伯纳斯－李（Tim Berners-Lee）

互联网诞生于冷战的大背景，得益于经济全球化的助推，最终走向千家万户。它肇始于技术创新，逐渐从军用技术走向民用领域，带来了无穷无尽的商业创新，深刻改变了每个人的生活方式与工作方式。

一部互联网发展史，也是一部人类文明进步史。对于我们来说，现在的移动互联网已经成为生活中的必需品，成为支撑我们日常活动的基础设施，似乎互联网技术生来如此，并将一直维持下去。但当我们回顾互联网的历史与现在，不难发现，互联网经历了从 Web1.0 到 Web2.0，再到如今 Web3.0 的三次范式转移，正向着一个更开放、更民主、更透明化的未来演变（图 1–1）。

图1-1 互联网历史发展示意图

资料来源：https://moralis.io/the-ultimate-guide-to-Web3-what-is-Web3/

从Web1.0到Web3.0，我们经历了从只能读取信息，到可以读取和写入信息，再到可以拥有互联网本身的转变。其中，从Web2.0到Web3.0的最大变化是，互联网从只能在人与人之间传递信息，升级为可以在人与人之间传递资产，也就是说，互联网从原来的信息互联网（包括静态互联网、平台互联网两种形态），升维成了价值互联网。

1. Web1.0（20世纪90年代—2003年）：静态互联网

Web1.0时代的互联网建立在开源协议之上，由少数专业人士参与开发、建设，用户只能搜索和浏览互联网上的信息，无法进行太多的交互。这一阶段的互联网迎来第一次创业浪潮，拥有电脑和使用互联网的人口数量少于10亿。聚集互联网信息的技术提供方是这个时代的代表性公司。"基于点击流量"的盈利模式开始出现，一种全新的"信息经济"模式开始诞生。

2. Web2.0（2004 年—2020 年）：平台互联网

Web2.0 时代就是我们当前所处的互联网时代，互联网建立在用户端 – 服务端的二元架构上。每个人都可以在互联网上进行内容的生产与分发，也就是说，我们不但可以浏览互联网上的信息，还可以自己生产内容并发布到互联网上与他人进行互动交流。这一阶段的互联网的核心特点是从 PC 端向移动端迁移，平台公司成为吞噬一切的垄断者，互联网的数据、权利以及由此带来的收益往往为中心化的商业机构所垄断，"平台经济"成为这一时期的经济特征。在这一阶段，全球大部分人口都变成了互联网用户。

3. Web3.0（2021 年— ）：价值互联网

Web3.0 的概念在 2021 年被广泛使用，但直至今天，对于 Web3.0 是否真正形成，各界还有所争论。但可以确定的是，它已经开始渗透到我们的互联网生活中。在 Web3.0 时代，我们不但可以在互联网上读取、交互信息，还可以传递资产，也可以通过通证（Token）拥有互联网本身，并以此衍生出了"通证经济"。每个人都可以在计算、存储、资产等各个领域享受到去中心化的服务，成为自己信息数据的掌控者、管理者、拥有者，挑战传统的公司制度。然而，这一阶段目前还处于早期萌芽状态，全球的 Web3.0 用户少于 1 亿人。

综上所述，我们可以总结出 Web1.0、Web2.0、Web3.0 时代的特征对比，如表 1–1 所示。

表 1-1 Web1.0、Web2.0、Web3.0 时代的特征对比

维度	Web1.0：静态互联网	Web2.0：平台互联网	Web3.0：价值互联网
创造者	平台创造	用户创造	用户创造
所有者	平台所有	平台所有	用户所有
控制者	平台控制	平台控制	用户控制
受益者	平台分配	平台分配	用户参与分配
中心化程度	相对中心化	高度中心化	相对去中心化
价值维度	信息互联网	信息互联网	价值互联网
交互方式	可读	可读 + 可写	可读 + 可写 + 可拥有
组织范式	公司制	公司制	公司制 + 分布式自治组织（DAO）
代表性产品	门户网站：雅虎	社交媒体平台：Facebook	公共区块链平台：以太坊
发展问题	体验差、功能单一	平台垄断、隐私泄露、流量为王	性能差、欺诈多、门槛高
发展阶段	成熟阶段	成熟阶段，性能强大	早期阶段，生态不成熟

接下来，让我们一起了解一下波澜壮阔的互联网发展史吧。

第一节 Web1.0：所见即所得

一、概念：静态互联网

Web1.0 是指互联网发展的第一阶段。在这一阶段，互联网上

只有少数专业内容创建者，而绝大多数用户是内容的消费者。互联网提供的功能非常简单，用户能够享受到的服务也非常少。

在美国，Web1.0 时代的代表性公司是网景、雅虎、亚马逊和谷歌等；在中国，Web1.0 时代的代表性公司则是三大门户网站：搜狐、新浪和网易。Web1.0 时代最典型的互联网产品形态是门户网站、浏览器和搜索引擎，解决的是用户用什么工具上网以及上网做什么的问题。

Web1.0 的特点如下。

- 静态页面，用户只能读取信息而不能写入信息。
- 平台提供内容，用户不能生成内容。
- 网页使用服务器端引用（Server Side Includes，简称 SSI）或通用网关接口（Common Gateway Interface，简称 CGI）构建。
- 框架和表格用于定位和对齐页面上的元素。
- 大多数网站的内容直接存储在网站文件中，而不是存储在单独的数据库中。

二、历程：浪潮兴起与泡沫破灭

冷战在客观上促进了军事通信科技的发展，之后，随着苏联解体，国际局势缓和，军事科技逐渐走向民用化，成为互联网技术的重要基础。1957 年，苏联成功发射了史上第一颗人造地球卫星"斯普特尼克一号"（Sputnik-1），令美国举国震惊，舆论场充满了美国科技，尤其是军事科技被苏联大幅超越的忧虑。^① 在这种紧张的气氛之下，1958 年，美国国防部组建了高级研究计划署（Advanced Research Projects Agency），简称阿帕（ARPA）。该部门旨在研发领先的军事科技，为美国创造安全的生存环境。美国始终担心苏联的核打击会导致自身计算机系统瘫痪，从而无法反击苏联，为了解决这个问题，阿帕部门创建了阿帕网——一种全新的分布式通信网络，让计算机分布于美国多地，使网络在遭到核打击后仍能维持防御系统的运转。

1974 年，阿帕部门的罗伯特·卡恩（Robert Kahn）与斯坦福大学的温顿·瑟夫（Vint Cerf）一起开发了传输控制协议/网际协议（Transmission Control Protocol/Internet Protocol，简称 TCP/IP），规定了在网络之间传送信息的方法。1984 年，TCP/IP 协议得到美国国防部的认可，成为多数计算机共同遵守的一个标准。直到现在，该协议一直是发展互联网协议与标准所使用的机制，仍然发挥着重要作用。

1989 年，欧洲核子研究中心（European Organization for Nuclear Research，简称 CERN）的科学家蒂姆·伯纳斯 – 李发表了一篇名为《信息管理：建议书》（*Information Management : A Proposal*）的论文，设想了一个通过超文本链接相互连接的信息系统网络，并且开发出世界上第一台 Web 服务器和第一个 Web 客户机。同年 12 月，蒂姆将这个网络发明正式命名为万维网（World Wide Web，简称 WWW）。

---

① 方兴东，钟祥铭，彭筱军 . 全球互联网 50 年：发展阶段与演进逻辑［J］. 新闻记者，2019（7），4–25.

蒂姆没有为这一开拓性的发明申请专利，而是将万维网免费提供给每个人使用。

万维网诞生之后，在国家政策、风险资本以及硅谷创业者的综合作用下，互联网技术开始走出极客的小圈子，走向主流社会，在迎来投资与创业的热潮的同时，也成为驱动时代变革的核心力量。1992 年，美国总统候选人克林顿曾提出建设信息高速公路，随着他当选美国总统，国家信息高速路也变为美国国策。受此影响，欧盟、加拿大、俄罗斯、日本等国家也纷纷推出各自的国家信息高速路建设计划。1995 年 8 月 9 日，网景在纳斯达克上市，定价为 14 美元，开盘后一路飙升，最高曾达到 71 美元。对此，《华尔街日报》（ *The Wall Street Journal* ）评论道："通用汽车花了 43 年的时间才达到 27 亿美元的市值，而网景只用了 1 分钟。"

以网景公司上市为标志，浏览器、门户和电商等领域的代表性公司纷纷崛起，开启了互联网的浪潮之巅。据统计，1998—2001 年，美国 70% 以上的风险投资都涌入互联网行业。仅 1999 年，美国投向网络的资金就达 1 000 多亿美元，超过了以往 15 年的总和。很多公司只是简单地在公司名字上做做文章，蹭一蹭互联网的热度，比如在名字上添加 "e-" 前缀或是 ".com" 的后缀，就能推动股票价格的增长。莎士比亚说："狂暴的欢愉必将有狂暴的结局。"过度炒作的互联网很快迎来了自己的至暗时刻：2000 年 4 月，泡沫开始破灭，4 月 3 日至 4 月 4 日纳斯达克指数跌幅超过 20%，创纳斯达克历史上的跌幅之最。

互联网泡沫的破灭，加上之后的 "9·11" 恐怖袭击事件，严重影响了美国经济增长，从而导致全球经济进入暂时性的衰退周期。虽然互联网泡沫破灭了，但仍然有不少优秀的互联网公司生存了下来，并穿越周期一直活跃在当今的科技产业中，其中有很多被人们熟知的公司，例如雅虎、新浪等门户网站或亚马逊、阿里巴巴等电商平台。

三、思考：互联网的童年时代

Web1.0 是互联网的童年时代，受限于技术发展，Web1.0 是一个只读的网络，用户无法与页面的内容进行交互（能看，但不能互动）。同时，互联网对大多数人来说门槛还太高，整体用户数量很少，互联网的生产力还未充分释放。但在这一阶段，互联网慢慢把全球连接为一个整体，整个互联网建立在传输控制协议 / 网际协议、简单邮件传输协议（Simple Mail Transfer Protocol，简称 SMTP）、超文本传输协议（Hyper Text Transfer Protocol，简称 HTTP）等开源协议之上，任何人都可以免费使用它们，而不需要经过其他人的许可。

这个时代的互联网建设者充满了自由主义气质。1996 年 2 月 8 日，电子前线基金会（Electronic Frontier Foundation，简称 EFF）创始人约翰·佩里·巴洛（John Perry Barlow）在瑞士达沃斯发表了著名的《赛博空间独立宣言》（*A Declaration of the Independence of Cyberspace*）。这篇宣言的第一段如此写道："工业世界的政府们，你们这些令人生厌的铁血巨人们，我来自网络世界——一个崭新的心灵家园。作为未来的代言人，我代表未来，要求过去的你们别管我们。在我们这里，你们并不受欢迎。在我们聚集的地方，你们没有主权。"这份宣言充分体现了互联网早期建设者们乌托邦式的黑客理想——互联网是一个独立的虚拟空间，互联网技术应当用于赋能个人、保护隐私与言论自由，不受任何外力干预。

整个 Web1.0 建立在开放、分散和社区管理的协议之上。虽然已经出现了一些商业巨头，但远远没有形成 Web2.0 时代的围墙花园、巨头垄断的局面。在 Web2.0 时代，平台经济将成为互联网生态的主导叙事，这批理想主义者也逐渐淡出历史舞台。

第二节　Web2.0：所荐即所得

一、概念：平台互联网

Web2.0 是互联网发展的第二阶段，和我们今天讨论 Web3.0 一样，当年关于 Web2.0 是什么的讨论也非常热烈，一些人认为 Web2.0 代表了下一代互联网的未来，一些人则认为 Web2.0 只是一个营销概念，没有创造什么新东西。

Web2.0 的概念最早由奥莱理媒体公司（O'Reily Media Inc.）的首席执行官（Chief Executive Officer，简称 CEO）提姆·奥莱理（Tim O'Reilly）在 Web2.0 大会上提出，这一名词也迅速成为公认的主流概念，历经内涵的演变。目前，我们认为 Web2.0 的特点如下。

- 网络可写入：动态内容响应用户输入。
- 用户生成内容：每个人既是消费者，也是生产者。
- 全面移动化：随时在线，互联网与人们的工作和生活息息相关。
- 平台经济：互联网平台崛起，赢家通吃。

在 Web2.0 时代，网络在只读的基础上，新增了可写入的特性，即用户可以自主创造内容。随着社交媒体的出现，用户可以在互联网上的各种应用上创造各种形式的内容，比如图文、视频。用户既是内容的消费者，更是内容的生产者，并通过自身的内容创作以及数据为互联网应用创造价值，互联网应用又为中心化的平台所拥有，平台利用用户生产的数据与内容进行商业变现。

二、历程：平台吞噬一切

社交媒体的崛起拉开了 Web2.0 时代的帷幕。2004 年，还在哈佛大学读书的扎克伯格（Zuckerberg）创立了 Facebook 网站，一开始仅限于哈佛大学的学生使用，随后向所有用户开放。2005 年，YouTube（油管）上线，用户可以自由地生产、分享网络视频。2006 年，Twitter（推特）诞生，创始人杰克·多西（Jack Dorsey）发布了第一条推文："just setting up my twttr"（刚刚设置好我的推特）。有趣的是，2021 年，这条推特以非同质化代币（Non-Fungible Token，简称 NFT）的形式被拍卖，最终以超过 290 万美元的价格出售。Web2.0 与 Web3.0 穿越 15 年的时空，神奇地相遇了。

接着，苹果手机的发布宣告了移动互联网时代的到来。2007 年，苹果公司首席执行官史蒂夫·乔布斯（Steve Jobs）发布了第一代苹果手机。2008 年，苹果公司推出应用商店 App Store，互联网开发从 PC 网站开始走向移动 App。随着苹果手机等移动终端的发展以及平台和安卓系统的普及，移动互联网迎来第二波发展浪潮。创业者们在资本的助推下，掀起了"互联网＋创业"的热潮，利用互联网技术改造传统行业，使得人人都可以只用一部手机，便享受到丰富多样的互联网服务。

时至今日，互联网已成为人们生活与工作离不开的工具，以及全球经济增长的主要驱动力。互联网世界统计（Internet World Stats，简称 IWS）数据显示，2020 年，世界人口达到 77.97 亿。截至 2020 年 5 月 31 日，全球互联网用户数量达到 46.48 亿，占世界人口数量的 59.6%。2000—2020 年，世界互联网用户数量增长了近 12 倍。中国、印度、美国的互联网用户数量排名前三。

与此同时，一批互联网企业凭借数据、技术、资本优势，历经 PC 互联网与移动互联网的发展，最终成长为平台型企业，占据市场主导地位。中国形成了 BBATMD（字节跳动、百度、阿里巴巴、腾讯、美团、滴滴）的互联网主流平台，美国则形成了 FAGMA（Facebook、苹果、谷歌、微软、亚马逊）的互联网主流平台。这些公司通过搭建平台的形式，撮合供需双方，有效地提升了社会资源配置的效率，增强了各行各业的数字化水平，对于国民经济的发展与治理发挥了重要作用。

Web2.0 时代的互联网巨头掌握了越来越多的用户数据，人们的生活也越来越离不开它们。巨头们跑马圈地，资本无序扩张，形成寡头垄断、赢家通吃的局面。在这种情况下，互联网巨头们掌握了巨大的权力与用户的所有数据，既可以制定平台内的游戏规则，也可以限制其他竞争对手的发展。

随着互联网巨头垄断产生的社会问题不断涌现，各国监管机构和社会舆论也逐渐意识到平台垄断带来的负面影响，强监管时代来临。在用户数据保护以及互联网公司监管的道路上，走在全球前列的是欧盟，早在 2016 年，欧盟就通过了《通用数据保护条例》（*General Data Protection Regulation*，简称 GDPR），第一次确立了网民的网络主权，扩大了对于用户个人数据的定义，对个人信息的保护及监管达到了前所未有的高度。2018 年，《通用数据保护条例》正式执行，任何存储或处理欧盟国家内有关欧盟公民个人信息的公司，即使在欧盟境内没有业务存在，也必须遵守《通用数据保护条例》。

2021 年，各国都加强了对互联网平台的反垄断监管。例如，微软因为捆绑云服务销售被众多企业告上欧盟；[1]苹果应用商店因为被质疑滥用市场支配地位而面临起诉；[2]国家市场监督管理总局经过长期调查，针对电商行业存在的"二选一"问题，对阿里巴巴处以182.28 亿元的罚款。[3]这是中国有史以来最高的行政处罚金额，在世界上也排在第三位，仅次于欧盟对于谷歌的两次罚款。

另一方面，在全球过半人口已经使用互联网的背景下，人口红

---

[1] 参考自 https://www.163.com/tech/article/GPV1671300097U7T.html。

[2] 参考自 https://baijiahao.baidu.com/s?id=1578475036705674879&wfr=spider&for=pc。

[3] 参考自 https://www.samr.gov.cn/xw/zj/202104/t20210410_327702.html。

利开始见顶，互联网行业的增长势头逐步放缓。以中国的情况来看，QuestMobile 的数据显示，2019—2021 年，国内移动互联网月活跃用户规模的同比增速均不到 1%，维持在低位水平，互联网用户数量破 10 亿之后，用户人均单日使用时长出现下降趋势。同时，各大互联网公司的营收也纷纷下滑，以百度、腾讯、阿里巴巴的财报为例，其净利润均大幅下降。

（1）百度财报：2021 年第三季度营收 319 亿元，同比增长 13%，净亏损 165.59 亿元，2020 年同期归母净利润达 136.78 亿元。此前百度在第二季度亏损 5.83 亿元。

（2）腾讯财报：2021 年第三季度总营收 1 424 亿元，同比增长 13%。期内盈利为 325 亿元，同比减少 2%。净利润率也由 2020 年同期的 27% 下降至 23%。

（3）阿里巴巴财报：2021 年第三季度总营收 2 006.9 亿元，同比增长 29%，但明显低于市场预期的 2 074 亿元；经调整，净利润为 285.2 亿元，同比下降 39%。

三、思考：垄断者的窘境

2019 年，《纽约时报》（*New York Times*）发布了一篇名为《减少互联网是唯一的答案》（*The Only Answer Is Less Internet*）的文章，对 Web2.0 时代的平台垄断、数据隐私、假新闻等问题进行了严厉批评。随着各国监管机构逐渐加强对互联网行业的监管，赢家通吃不再是互联网的铁律，合规化运营与寻找新增量成了行业发展的迫切需求，这也为 Web3.0 的到来埋下了伏笔。目前，关于互联网平台的批评集中于以下四点。

1. 寡头垄断，滥用权力

烧钱补贴抢占市场，打败对手取得垄断，这是互联网平台的常见操作。在取得了垄断地位之后，由于资本逐利的特性，平台往往会利用垄断地位支配市场，坐地起价，既损害了用户利益，也妨碍了公共利益，导致全社会的福利水平下降。平台滥用市场支配地位主要体现在过度剥削和压制对手两个方面。

在过度剥削方面，垄断平台不仅对用户进行剥削，还对商家进行剥削。针对用户的剥削，通常表现为价格歧视或大数据杀熟的形式，同样的东西基于不同的历史购买行为，会呈现不同的价格，以此实现平台利益的最大化。针对商家的剥削则是对平台生态内的商家制定过高的抽佣比例，但由于商家对平台的高依赖性，商家在缺乏议价权的情况下，不得不接受这类条款。这种现象常见于电商平台、外卖平台等，例如，2020 年，广东餐饮协会携 30 余家市级餐饮协会发布致美团外卖的联名函，提出营商成本过高，要求降低外卖抽佣比例。[①]

而在压制对手方面，垄断平台会通过平台资源限制竞争对手发展。例如，某些平台会在自己的生态内出于商业目的屏蔽其他公司的产品链接、关键词或者对某些内容进行限流；同时还会通过一些投资并购手段直接兼并竞争对手，导致市场垄断。

---

① 参考自 https://baijiahao.baidu.com/s?id=16636336235171477l3&wfr=spider&for=pc。

2. 数据孤岛，围墙花园

数据就像信息时代的石油，是最关键的生产力要素之一。在安全合规的前提下，数据的自由流动可以极大地激发创新、释放价值。但在 Web2.0 时代，用户生产的数据归平台所有，需要在平台开立账户，承载数字身份，而不同平台之间的账户体系互不相通，数据难以共享，用户在不同平台需要注册不同账号，这既影响用户体验，又使得数据的价值难以最大化释放。平台与平台之间的数据在技术上不可互通、不愿互通，导致目前企业与企业之间以及行业与行业之间形成了若干数据孤岛。

3. 隐私问题，信息安全

某论坛上流传出的一个观点曾引起热议："中国人更加开放，或者说对隐私问题没有那么敏感。如果让他们用隐私交换便捷性，很多情况下他们是愿意的。"[1] 事实上，用"隐私换便利"不仅是中国用户的无奈之举，也是全世界用户的"不得已而为之"。当今世界，互联网平台提供的服务无所不包，从购物、文娱到办公协作，等等，几乎覆盖了人们生活、工作、娱乐的方方面面。为了获取平台提供的服务，用户不得不授权平台收集和使用自身的数据。海量的数据被掌握在逐利的平台手里，一旦泄露、滥用，后果不堪设想。Facebook 就曾发生过数据泄露事件，在 2016 年美国大选期间，剑桥分析公司（Cambridge Analytica）在未经允许的情况下收集了

---

[1]　参考自 http://www.techweb.com.cn/ucweb/news/id/2649112。

超过 5 000 万份 Facebook 用户的数据，并将数据用于政治宣传。[①]

4. 算法霸权，人被异化

在平台互联网时代，算法似乎成为无比强大的力量，正时刻控制着用户的生活方式与思维习惯。算法是互联网平台的核心，算法在为我们带来便利的同时，也存在一些日益突出的问题，如算法滥用、算法作恶等。例如，很多短视频的成瘾性设计，滥用人性弱点推送内容，使人沉浸在信息茧房中，习惯于被喂养、被驯化，不自觉地对算法投放的产品沉迷上瘾。此外，算法在设计上可能存在绝对的效率导向，将人作为工具彻底异化，正如《外卖骑手，困在系统里》一文揭示的那样，外卖平台的算法往往成了压迫骑手的工具，骑手没有任何发言权，只能无可奈何地被剥削。[②]

第三节　Web3.0：所建即所得

一、概念：价值互联网

Web3.0 指向的概念有很多，它承接 Web1.0 和 Web2.0 的概念，代表了人们对于发展下一代更好的互联网的要求与期待。Web3.0

[①]　参考自 https://www.thepaper.cn/newsDetail_forward_7134943。

[②]　参考自 https://zhuanlan.zhihu.com/p/225120404。

的定义与内涵处于一个动态变化的过程。在区块链技术没有诞生之前，Web3.0 通常指"语义网"（Semantic Web）。这一概念最早由万维网之父蒂姆·伯纳斯 – 李提出，它意味着更加智能的互联网，其主要特征是，整个网络能够理解语义进行判断，从而实现无障碍的人机交互。其中很多设想已经落地到自然语言处理、算法推荐等现实场景。

在区块链技术诞生之后，Web3.0 通常指的是建立在区块链技术之上的去中心化、去信任、无须许可的下一代互联网，这一概念最早由以太坊联合创始人以及波卡（Polkadot）创始人林嘉文博士提出，最近几年越来越受到加密货币爱好者、科技公司、科技创业者与风险投资机构的广泛关注。本书主要讨论后一种 Web3.0 概念，也就是基于区块链技术的 Web3.0（有时又被称为 Web3）。

在爱德华·斯诺登（Edward Snowden）的棱镜门事件之后，全球用户愈发意识到将自己的数据、信息委托给一个中心化的组织是存在重大问题的。林嘉文博士在一篇名为《去中心化应用：Web3.0长什么样》（ÐApps：What Web3.0 Looks Like）的博客中，把 Web3.0称之为"后斯诺登"时代的网络，他认为可以基于"无须信任的交互系统"在"各方之间实现创新的交互模式"，从而达到我们期望中安全的保存效果："对于我们认为已达成共识的信息，会放在共识账本中。对于我们认为是私人的信息，我们会保密并且永远不会泄露。通信始终通过加密的渠道进行，并且仅以匿名身份作为端点，永远不带有任何可追溯的内容，例如 IP 地址。"[①]

综上所述，Web3.0 的特点如下。

- 可拥有：用户可以掌控自己在互联网上的数据及数字资产。
- 去信任：不依赖第三方中介机构运作。
- 无须许可：代码开源、抗审查、可自由接入。
- 全球化：资产在全球自由流动。
- 互操作性：数据公开透明、开放共享。

一言以蔽之，建立在区块链技术基础上的 Web3.0 是一个去中心化、免信任、免许可的下一代互联网，用户无须再信任中心化的机构，而是可以依赖代码逻辑来确保严格执行各种协议，其核心特征为数据的所有权归用户所有，每个用户都能控制自己的身份、数据与资产，进而掌握自己的命运与未来。这将会开启一个全新的数字时代，打破 Web2.0 中巨头的垄断，开创出许多新的商业模式。

二、历程：新世界的兴起

2008 年，由美国次贷危机引发的金融危机席卷全球，全世界也掀起了一股反思传统金融制度的思潮。也正是在这一年，中本聪（Satoshi Nakamoto）发表了仅有 9 页的比特币白皮书——《比特币：

---

① 参考自 https://gavwood.com/dappsweb3.html。

一种点对点的电子现金系统》(*Bitcoin： A Peer to Peer Electronic Cash System*)，比特币和区块链技术同时诞生，由此拉开了 Web3.0 产业浪潮的序幕。

中本聪在白皮书里提出了一种无须可信第三方的电子支付系统——比特币，它的发行总量为 2 100 万枚，永不增发，通过整合非对称加密技术、工作量证明机制(Proof of Work，简称 PoW)、点对点技术(Peer-to-Peer，简称 P2P)技术等来保障个人对资产的所有权和匿名性，彻底颠覆了我们对于货币需要依赖中心化机构发行的传统认知。

时至今日，许多人把比特币看作最安全、最去中心化的资产形态，因为比特币具备以下特性。

- 抗通胀：发行量恒定，永不增发。
- 安全性：加密技术保障用户隐私与资产安全，不依赖于金融机构记账。
- 易用性：全球自由流动、转账成本低、不受时空限制。

同样，也有很多人依然认为比特币是郁金香泡沫，没有任何实际意义与使用价值，只是投机客们炒作的把戏。但距离 2009 年中本聪将第一个比特币开采出来已经过去了十几年，比特币的价格上涨了数万倍之多，采用比特币作为支付手段与价值储存的国家和地区也越来越多。2010 年，一位名叫拉兹罗·汉尼茨(Laszlo Hanyecz)的程序员进行了第一笔比特币交易，以 10 000 枚比特币购买了两个比萨。到 2021 年，萨尔瓦多成为世界上第一个采用比特币作为法定货币的国家，当时用于购买比萨的 10 000 枚比特币现在价值 4 亿美元。2022 年，受俄罗斯和乌克兰冲突的影响，乌克兰宣布比特币及加密产业合法化，俄罗斯也提出愿意接受比特币用于自然资源出口。

比特币实现了货币的去中心化，但由比特币掀起的飓风还远没有停歇。越来越多的开发者不满足于比特币只有交易的功能，希望这种去中心化的技术可以实现更多功能。维塔利克·布特林便是其中一位，他认为应该给比特币加上图灵完备的编程语言，这样任何人都能在比特币这条公共区块链上开发去中心化应用。

不过比特币社区并不想这样改造比特币，于是，维塔利克召集志同道合的开发者开发了一种全新的公共区块链平台——以太坊。2013 年，维塔利克发布了以太坊白皮书，描绘了以太坊的愿景：一个图灵完备的可编程和通用区块链。2014 年 4 月，联合创始人林嘉文博士发布了以太坊黄皮书，这是以太坊的技术圣经，将 Gas 计量机制、以太坊虚拟机（Ethereum Virtual Machine，简称 EVM）等重要技术明确下来。

与比特币一样，以太坊建立在公共区块链之上，是去中心化、不可篡改和完全开源的；与比特币不同的是，以太坊集成了 Solidity 语言，可以通过运行智能合约进行图灵完备的计算，开发者们可以在以太坊上开发各种各样的去中心化应用。以太坊相当于一台永不停机的世界计算机，它全天候运行，跨越全球，允许任何人访问。以太坊对底层区块链技术进行了封装，开发者可以直接基于以太坊平台开发加密应用，无须自行搭建一条公链，大大降低了开发难度。

如果我们把开发应用比作盖房子，那么以太坊就提供了地板、屋顶、墙面、家具等模块，用户只需像玩乐高积木一样组合各种模块就可以把房子建好，因此在以太坊上开发应用的时间大大缩短。以太坊的出现，迅速吸引了大量开发者进入，开发出各类去中心化应用，极大地满足了用户的需求。

如果说比特币代表了去中心化的货币，那么以太坊代表的则是去中心化的世界计算机。现在，以太坊已经成为全球市值第二、生态最成熟的公共区块链平台，其市值仅次于比特币。2022 年 3 月，《时代》（*Time*）周刊推出了首期 NFT 杂志，封面人物便是以太坊的创始人维塔利克。

从 2008 年中本聪发布比特币白皮书，到 2014 年林嘉文博士提出 Web3.0 概念和以太坊的诞生，再到 2021 年 NFT 与元宇宙的爆发，Web3.0 已历经 14 年的发展，从一小撮极客小圈子的想法，逐渐发展为一个接近 3 万亿美元的庞大科技产业，并在以下层面带来了前所未有的技术创新与应用创新。

（1）数字身份领域的创新：去中心化身份（Decentralized IDentity，简称 DID）。基于区块链技术的去中心化身份系统具有保证数据真实可信、保护用户隐私安全、可移植性强等特征，可以避免身份数据被单一的中心化机构所控制，使用户自主管理自己的身份。

（2）金融领域的创新：去中心化金融（Decentralized Finance，简称 DeFi）。无须中心化的机构，即可实现传统金融中的贷款、保险、股票、理财、外汇、衍生品交易等服务，更便捷、更开放、更普惠。

（3）数字商品领域的创新：非同质化代币（NFT）。NFT具有可验证、唯一、不可分割和可追溯等特性，可以用来标记特定资产的所有权，是数字资产化和流通交易的重要工具。

（4）组织形态领域的创新：分布式自治组织（Decentralized Autonomous Organization，简称DAO）。没有董事会，没有公司章程，没有层级制度，没有中心化的管理者，依靠民主治理，由参与者共同投票决策，决策后采用智能合约自动执行。

（5）数字空间领域的创新：元宇宙。人类虚拟文明的重大升级，让人类突破物理规律，在虚拟空间创造一个新世界，而这个新世界的资产、数据、身份可以建立在区块链基础上，不被互联网巨头控制。

由于Web3.0有望改进Web2.0存在的平台垄断、隐私泄露、算法霸权等问题，让互联网进入更开放、更安全的时代，因此各国都在积极引导、布局Web3.0产业的发展（图1-2）。

图1-2　Web3.0相关产业发展示意图

资料来源：国盛证券研究所

注：本图按照发展趋势排列，并非按照项目的上线时间。

2021 年 12 月，美国国会举办了多场加密行业听证会，12 月 9 日，美国众议院金融服务委员会主席马克辛·沃特斯（Maxine Waters）主持了一场主题为"加密资产和金融的未来：了解美国金融创新的挑战和好处"的听证会，美国多家加密行业平台参与听证。共和党众议员帕特里克·麦克亨利（Patrick McHenry）表示，美国需要调整现存的监管框架，以确保 Web3.0 革命发生在美国。

2022 年，中国证券监督管理委员会科技监管局局长姚前也在《中国金融》杂志上撰文指出，"如今互联网正处在 Web2.0 向 Web3.0 演进的重要时点，加强 Web3.0 前瞻研究和战略预判，对我国未来互联网基础设施建设无疑具有重要意义。"[①]

三、思考：屠龙少年会变恶龙吗

Web3.0 的发展并不是一帆风顺的，Web3.0 也并不都是理想主义者的乐园，这里面也充满了真假难辨的投机者与冒险家。目前，关于 Web3.0 的争议与批判主要集中在以下这些方面。

1. 去中心化是否是伪命题

这是近些年围绕着 Web3.0 产业的一个核心问题。Web3.0 的立足之点在于比 Web2.0 更加去中心化，它具体表现为用户可以掌握自己的数字身份，不需要在不同应用之间注册账号，以此来掌握自

---

① 参考自 https://new.qq.com/omn/20220317/20220317A04LRP00.html。

身数据的所有权和收益权。但去中心化不是绝对的，在 Web3.0 的世界里，有很多以中心化方式运作的产品，它们在很大程度上与 Web2.0 时代的产品并没有区别，依然依靠垄断来攫取用户贡献的收益。即使作为公共区块链平台，以太坊本身也拥有核心开发者团队，他们的决策依然可以在很大程度上影响到平台的规则。同时，很多人也在思考，去中心化是否有必要。与中心化服务器相比，公共区块链的性能较差，无法承担大规模商业应用，而很多普通用户更在乎便利性，而不是去中心化。

2. 门槛高，用户体验差，离主流化还有很远的距离

仅仅依靠去中心化、更开放、更安全等抽象口号是无法打动普通用户的，大多数用户会选择让渡隐私与数据所有权来换取便利，这也是 Web2.0 得以存在至今的原因。目前，Web3.0 提供去中心化的应用与服务，无不需要用户使用钱包，同时记住私钥、地址、Gas 费、跨链等十分复杂难懂的技术概念，用户使用起来非常不便利，对比使用 Web2.0 的产品，用户需要付出很多学习成本。但随着整个市场的成熟，相信会有越来越多的创业者推出更好用的 Web3.0 产品，让用户在无感知中顺滑地使用 Web3.0。

3. 骗子与投机多，面临巨大的监管挑战

Web3.0 离不开区块链与加密货币，而主要赛道 DeFi、NFT、DAO 等，无不与金融相关，在为世界带来新的发展思路的同时，也容易因为去中心化、绕开监管等特性引发许多违法犯罪问题，如

黑客攻击、欺诈、洗钱等。相关报告数据显示，2021 年，全球网络罪犯通过加密货币洗钱所得金额达 86 亿美元，较 2020 年增加 30%。我们应该如何看待 Web3.0 时代的各种数字资产，它们是股票、债券，还是数字商品？如何保护不具备相关金融知识的用户，防止他们上当受骗？这是横亘在各国面前的一个重大课题，不同国家与地区的监管机构也在依据自身国情与产业发展阶段，逐步探索适合自身的监管框架。

4. 能耗巨大，存在大量的环保争议

众所周知，比特币和以太坊这种采用工作量证明机制的公共区块链平台，需要依靠计算机挖矿，即计算数学问题来维护系统运行，因而对能源的需求量是非常巨大的。据估计，比特币交易网络所消耗的能源甚至已经超越了哈萨克斯坦与荷兰等国的能源消耗。[①]受全球气候变化的影响，各国政府、民众都异常关切各行各业的碳足迹情况，寻求绿色低碳的生产与生活方式。在此背景之下，建立在区块链与加密货币基础上的 Web3.0 行业显然难以推脱浪费能源、不够环保的指责，也为行业的发展蒙上了一层阴影。可喜的是，Web3.0 的从业者们也发现了这个问题，他们正在积极寻找更低碳、更环保的解决方案，比如以太坊 2.0 将会采用权益证明（Proof of Stake，简称 PoS）的方式来维护系统运行，这种新的共识机制可以让能耗降低 99% 以上。

---

① 参考自 https://news.un.org/zh/story/2021/06/1086412。

第二章

Web3.0 的底层技术：区块链

我们选择把金钱和信仰置于一个没有政治和人为错误的数学框架之中。

——泰勒·温克莱沃斯（Tyler Winkelvoss）

第一节　创世的比特币

提到"比特币"，相信大多数人并不陌生，而且还会联想到"密码学""加密货币""区块链"等一系列词汇。比特币究竟是什么呢？它是如何运用密码学的知识顺利运行的呢？比特币和区块链究竟是什么关系呢？当我们细究这些最基本的问题时，刚刚熟悉的词汇又突然陌生了起来。本节，我们将通过浅显易懂的方式，讲述比特币创世的设计思想，抽丝剥茧地帮助大家理解 Web3.0 最底层的技术——区块链。

一、货币的本质

我们不妨进行一个大胆的假设：假如你是比特币的创始人"中本聪"，你想为即将到来的 Web3.0 时代创建一种全新的货币形态。第一步需要解决哪些问题？首先，既然是创建一种货币形态，那么满足什么样的条件才叫货币呢？其次，既然是全新的货币形态，那么它需要解决传统货币的哪些问题呢？带着这些疑问，我们不妨先回顾一下货币发展的历史，从四个历史阶段中了解货币形态的演变，以及各阶段遗留下来的问题。

1. 物物交换阶段

在最早的原始社会，即货币诞生前的时代，人们想要获取不一样的商品，往往需要通过以物易物的形式。比如，你有一匹马，我有两斤白菜，我想要骑马，你想要吃菜，这时两个人彼此交换自己不需要但是对方需要的东西，一笔交易也就成立了。这一阶段的问题也很明显，如果我想要骑马，而你不想要吃菜，两人之间就无法达成对于物品价值的"共识"，这时交易也就无法成立。

2. 一般等价物阶段

为了解决物物交换阶段的问题，人们从商品当中分离出了一类具有特殊作用的商品，并称之为货币，货币可以当作所有商品的一般等价物进行交换。为了方便交易，这些叫作货币的一般等价物需要具有体积小、价值大、易于分割、不易磨损、便于保存和携带等特点，金银等贵金属也就成为首选。当我想用白菜换你的马时，我只需要将白菜换成金银货币就行，然后用金银来换你的马。你不需要金银也没有关系，因为市场上存在一种"共识"，这种"共识"保证了作为一般等价物的货币，可以用于交换其他你需要的东西。此外，金银本身的稀缺性以及挖矿开采的工作量在一定程度上保证了绝大部分情况下一个人不会凭空多出一笔货币。但是，这一阶段仍然存在问题：第一，购买贵重商品需要大量的金银，携带既不方便，也不安全；第二，金银等贵金属对于大多数人来说很难验真，无法确保货币的真实性。

3. 纸币阶段

在这一阶段，货币的形态演变成了更轻便且具有一定验真功能的纸币。与其说纸币是一种货币，不如说是货币的价值符号。纸张本身代表不了其所承载的价值，纸张的价值来自背后发行纸币的中心化机构。对于现代纸币来说，政府就是发行的中心化机构。发行纸币的中心化机构通过自己的"信用"背书，承诺了纸币背后蕴藏的货币价值，同时也负责保证货币交易体系的平稳运行，不会让任何人手上凭空多出一打纸币，以此在交易层面实现人们对于纸币的"共识"。然而，随着 Web2.0 时代来临，尤其是网购需求的产生，纸币形态也不能完全满足人们交易的需求了。

4. 数字交易阶段

进入 Web2.0 时代后，越来越多的消费发生在网上，为了使人们更方便地进行网购，数字化交易也就诞生了。在这一阶段，货币的形态不再是有形的了，变成了网络后台上的一个"电子账本"。例如，当我想通过淘宝购买一棵 20 元的大白菜时，我的电子账本上会增加一条扣除 20 元的记录，淘宝的电子账本上会增加一条进账 20 元的记录，一笔交易也就完成了。增加记录的动作需要中心化机构来完成，例如支付宝等第三方支付平台或银行，以保证每笔交易被正确地执行。在消费前，你会将纸币存入中心化机构为你开设的账户，而这些中心化机构会根据你的电子账本去实时计算你的账户余额。中心化机构用自己的信用做了背书，所有人可以在既定框架中使用它们提供的工具进行统一的数字交易，达成了交易层面的"共识"。然而，这一阶段所有用户的电子账本的数据仍然储存在这些中心化机构后台，由这些中心化机构拥有和控制。进入 Web3.0 时代后，我们迫切需要一种用户创造、用户拥有、用户控制的货币形态。

回顾完货币形态的四个阶段，我们可以总结最开始的问题的答案了，Web3.0 时代的货币需要具有以下特征。

- 存在一套机制进行"信用"背书，让人们对这种货币在交易层面达成"共识"。
- 随着人们的网上消费增多，它应该仍然能够满足数字交易的需求。
- 它应该是去中心化的，存储的数据应该属于所有创造它的人。

- 它应该是安全的，可以被验真，交易体系需要能持续平稳运行，任何人都不能随意改变自己手上的货币量。

接下来，我们将从这些要点出发，探讨比特币和区块链的设计。

二、电子签名与分布式账本

为了方便理解后续有关比特币和区块链的一系列概念，我们来营造一个虚拟的场景，模拟货币的实际运行，思考存在的问题和解决的方法。

场景：小明、小红、小刚、小丽是四个好朋友，他们之间有频繁的金钱往来，于是他们建立了一个公共电子账本，记录下彼此账户间发生的交易，到月底统一结算。

现在让我们看看这样简单的交易体系会出现哪些问题，以及比特币是如何解决这些问题的。

1. 电子签名：公钥与私钥

第一个问题是如何保证交易的记录是准确的？因为电子账本是公共的，所以任何人都可以偷偷在上面增加记录。如果小明在未经小刚的允许下在公共账本上增加了一条不存在的记录，说"小刚要转给小明 10 元钱"怎么办？一个最简单的思路是，每一笔交易都需要这个人不可伪造的电子签名以确认本人授权了这笔交易。

但是，怎么样实现不可伪造的电子签名呢？这就涉及密码学的研究成果：公钥与私钥。每个人的账户都有一对字符串，一个叫作公钥，一个叫作私钥。公钥是公开的账户地址，所有人都可以看到，而私钥相当于账户密码，只有你自己才知道这一串数字，每个公钥都只对应唯一的一个私钥。为了实现电子签名，需要用到两个函数：签名函数和验证函数。

签名函数（交易记录，私钥）＝针对该交易的电子签名

验证函数（交易记录，签名，公钥）＝True/False

下面我们来解释一下这两个函数的作用。对于签名函数来说，如果你输入一条交易记录和你的私钥，会生成一串字符，它就是你对于这一条记录表示认可的电子签名。这个函数的执行过程是不可逆转的，因为只有你知道账户的私钥，当然也只有你可以签这个电子签名。

但是，新的问题也出现了，其他不知道私钥的人该如何验证这个签名的真实性呢？这时，就需要用到验证函数了。输入你需要验证的交易记录、电子签名，以及向所有人公开的账户公钥，这个验证函数就能告诉你这个电子签名是不是真的来自这个账户，即公钥和电子签名中隐藏的私钥是否匹配。同时，为了防止同一笔交易被复制好几份，需要在每笔交易前加上一个唯一确定的序号，如果一笔交易被多次复制，则需要分别对这些交易记录进行电子签名授权确认。

为了帮助读者更好地理解，我们用一个例子来描述上述过程。

如图 2-1 所示，如果小明想针对交易 4 去签署一个电子签名，只需要将"4.小明要给小刚 40 元"和小明的私钥都输入签名函数中，就可以生成一个"小明针对交易 4 的签名"。

交易序号	交易内容	电子签名
1	小红要给小刚10元	小红针对交易1的签名
2	小刚要给小丽20元	小刚针对交易2的签名
3	小丽要给小明30元	小丽针对交易3的签名
4	小明要给小刚40元	小明针对交易4的签名

签署过程

签名函数（"4.小明要给小刚40元"，小明的私钥）＝小明针对交易4的签名

图 2-1 电子签名签署过程

注：为了便于理解，交易序号用阿拉伯数字表示，但实际的计算机存储并不是这样。

如果小红想要验证"小明针对交易 4 的签名"是不是真的，她只需要把"4.小明要给小刚 40 元"、小明针对交易 4 的签名和小明的公钥一起输入验证函数中，如果结果是 True，那么这个签名就是真的（图 2-2）。

交易序号	交易内容	电子签名
1	小红要给小刚10元	小红针对交易1的签名
2	小刚要给小丽20元	小刚针对交易2的签名
3	小丽要给小明30元	小丽针对交易3的签名
4	小明要给小刚40元	小明针对交易4的签名

验证过程

验证函数（"4.小明要给小刚40元"，小明针对交易4的签名，小明的公钥）＝True

图 2-2 电子签名验证过程

因为函数具有不可逆转性，想要获取公钥配对私钥来伪造的签名，除了一个个尝试枚举之外，并没有任何其他方法，而进行完全枚举则需要尝试 2^{256} 次。也就是说，如果想要通过枚举法来找到这个数字，假设使用 1 000 万亿台中国峰值性能为每秒 1.206 千万亿次的"天河一号"超级计算机，就算花 1 000 万亿年的时间，连这个枚举量的零头都远远达不到，这一庞大的计算量从根本上保证了电子签名的不可伪造性。

2. 电子账本与加密货币

上面的问题解决了如何确保交易记录正确的问题，但是只解决这一个问题并不能让这套系统实现完全的信用背书。还需要解决的问题是，如果账本中记录小明需要给小刚 100 元，但是小明比较穷，全部家当加起来都凑不齐 100 元，这种情况应该怎么办？

为了避免这种情况，需要像使用支付宝一样，让每个参与这套系统的人都向账户里先存储一定的资金并同样记录在账本上，然后才能进行交易。例如，"小明向账户上存了 100 元"，每次增加交易记录时，需要判定对方账户上是否有这么多钱，如果存的钱不够，就需要宣布这一笔交易无效。具体示例如图 2-3 所示。

因为账本上记录的是每次交易的流水，如果想要确切知道对方账户上最后还剩下多少钱，需要读取账本上的所有历史记录，才能进行汇总计算。虽然读取所有历史交易记录看上去是一件挺麻烦的事情，但真正有趣的是，这一动作彻底去除了账本和真实世界货币的联系。换句话说，如果全世界的人都是使用这个包含所有历史交易的电子账本，那么所有人都不需要使用货币了，这也成功地让整套机制实现了信用的背书，真正促成了人们对于这套机制可交易的"共识"，这也是加密货币设计的根本思想——"历史交易信息的总和就是货币"。[①]

交易序号	交易内容	电子签名
1	小明向账户上存了100元	小明针对交易1的签名

• 增加"小明要给小刚40元"
• 读取交易1，小明账户上有100元
• 满足要求，记录增加成功

交易序号	交易内容	电子签名
1	小明向账户上存了100元	小明针对交易1的签名
2	小明要给小刚40元	小明针对交易2的签名

• 增加"小明要给小刚100元"
• 读取交易1，小明账户上有100元
• 读取交易2，扣除40元，小明账户有60元
• 60元无法满足支付100元需求，记录增加失败（原账本不变）

交易序号	交易内容	电子签名
1	小明向账户上存了100元	小明针对交易1的签名
2	小明要给小刚40元	小明针对交易2的签名

图2-3　交易有效性判定过程

3. 分布式账本与广播网络

电子签名和电子账本成功地解决了如何让机制进行信用背书以及数字交易的问题，但为了实现 Web3.0 时代"用户创造、用户拥有、用户控制"的理念，我们需要把账本做成分布式的，储存在网络中的每一个用户那里。又因为"历史交易信息的总和就是货币"，那么每个人手中的账本也应该是一样的，这时，就需要一个广播网络。例如，小明要给小刚 100 元，小明需要顺着网线"大吼一声"，

---

① 参考自 https://www.youtube.com/watch?v=bBC-nXj3Ng4。

把这个消息传给小红、小刚和小丽，让他们在账本上也添加上这条信息，以保证所有人的账本保持一致。当然，这只是一个形象的比喻，这个过程实际上是由加密货币系统自己完成的。

三、共识机制与区块链

1. 共识机制

当我们采用电子签名和分布式账本的时候，我们用一套机制体系去解决了信用背书的问题。然而，借助这样的体系，我们真的能在交易层面完全达成共识吗？

设想一个场景，小明要给小刚 100 元，小明顺着网线"大吼一声"把这条消息传送给了所有人。但这时小红的网络出现了故障，她丢失了这条消息记录。小刚的账本上有这条信息，所以他认为能够使用这"100 元"进行交易。但是他找小红的时候，小红账本上又没有这条记录，自然就不认可这"100 元"的价值，也就无法达成交易的"共识"。

因此，为了能达成交易层面的"共识"，需要建立一套机制，保证每个人以相同顺序接收了相同的消息记录，这就叫作"共识机制"。比特币在建立之初设计的共识机制叫作工作量证明，此外还有权益证明、委托权益证明（Delegated Proof of Stake，简称 DPoS）、实用拜占庭容错算法（Practical Byzantine Fault Tolerance，简称 PBFT）、参与度证明（Proof of Participation，简称 PoP）等其他形式的共识机制。

2. 工作量证明

工作量证明的核心思想是，如果需要得到大家认可的"共识"，你需要付出足够的工作量。在互联网的世界，这种工作量就是计算。在这种情况下，计算所消耗的算力与时间资源就是大家信任的基础。

那么如何证明自己的计算量呢？这时就需要借用一个著名的加密工具——哈希函数（又称散列函数）。这类函数的性质非常奇特，你可以输入任一长度的字符进去，它会输出固定格式的一串字符串出来。有趣的是，虽然任意一种输入只会有一种输出，但是输出的排列看起来却是完全随机的，针对输入做任何微小的调整，都可能引发输出巨大的变化。比如，如果你输入"小明给了小刚 100 元"，结果是 256 个 0，但是如果你输入"小明给了小刚 101 元"或者"小明给小刚 101 元"（去掉一个"了"字），其中几十、上百个随机的数位都可能会发生变化。这就意味着，这个函数类似于前面提到的签名函数，想要通过输出逆向推断出输入，在计算上几乎是不可能的，能够破解的唯一办法就是一个个枚举尝试。以哈希函数"SHA256"为例，对于任何输入，它都会输出一个 256 位的二进制数列，也就是需要尝试 2^{256} 次才能枚举完，前文已经提到过这是怎样一个天文数字了。因为这一独特性质，哈希函数也被广泛地应用在密码学领域，大家平时注册网站填写的密码、银行存款的密码，可能都是通过这类函数加密的。

有了这样一种函数，就可以建立一种"工作量证明"的机制，所有人可以给想要证明自己工作量的那个人出一道题。例如，指定一串 20 位二进制的 0-1 字符串，让答题者去找到一个输入值，使得 256 位的输出值中有 20 位和指定字符串一模一样。对于想证明自己工作量的人，只能一个个尝试，大概枚举 2^{20} 次（大约 100 万次）之后，他才能算出结果。而检验结果的方式对于出题人来说非常简单，并不需要枚举这样的重复工作，只需要把答案输入哈希函数里，看一看前 20 位是不是和出的题一模一样就行，这样就能证明答题者大约付出了"2^{20}"这个量级的工作量。

3. 区块链的设计与挖矿

介绍完工作量证明，就可以看看比特币是怎样实现"共识机制"的了。为了保证所有人的分布式账本上的记录都是完全一样且顺序一致的，人们一起选择拥有最强计算能力的那份账本，而信任的前提是需要付出一定的工作量。

证明自己的工作量的方法是这样的：首先，包含一定交易记录的账本会被打包成一整个区块，区块里会包含一定量的交易信息和一道工作量证明的题目（比如前文里提到的 20 位二进制的 0-1 字符串，但实际位数不一定这么多）。证明人需要用哈希函数找到这道题目的结果。一笔交易只有拥有对应的电子签名才是有效的，否则会被舍弃，而一个区块也是同理，只有解答了题目、获得了工作量证明才被认为是有效的，否则也会被舍弃。为了保证这些区块能以既定顺序串联，前一区块的哈希值会存在于后一区块的头部中，区块与区块串联在一起也就形成了区块链。任一区块的内容都是不可被改变或者更换顺序的，因为当你修改任一区块的内容或者顺序时，下个区块的头部信息就会发生改变，而下个区块的改变又会让下下个区块的头部信息发生改变，以此让后续所有区块的内容都发生改变。当后续所有区块的内容都不一致时，改变者就需要消耗大量计算资源，去重新计算每个区块所包含的"工作量证明"。任何人都可以参与区块工作量证明的竞争，当有人完成证明建立了一个区块后，他可以把这个区块广播给所有人，并添加到现在公共的区块链上。为了激励主动建立区块的人，区块链的机制会自动在他打包的区块里增加一条额外的交易信息，这条额外信息显示他获得了一定量的货币奖励，在奖励他的同时也为整个货币流通的市场注入了新的货币，实现了货币的发行。这种付出一定工作量，凭空获得货币的方式，就好像是"挖矿"，而参与计算、打包区块，并进行广播的人又被称为"矿工"。

在这样的体系下，"矿工"会拼命地计算，尝试用最快的速度找到工作量证明的答案，获得奖励后把区块打包广播给所有人。而接收者也不需要监听交易记录，只要等待区块发送过来，判断是否接收它就可以了。如果同时发送了两个不一样的区块，选择可以形成最长区块链的那个，也就是付出最多工作量的那个，如果长度是一样的，那就继续等待，直到出现区块链较长的那个。如果每个人都使用这种方式去维护自己的区块链，信任能组成最长的区块链的区块（也就是账本），那么所有人就能达成一个去中心化的共识，使用一模一样的账本记账，让整个区块链的交易体系成立。

这时很多人可能会问：虽然所有人达成共识了，可是为什么所有人都能信任最长的区块链？最长的区块链不能是假的吗？为了解释这个问题，让我们设想一个场景。小明想要伪造一笔记录，在给小刚 100 元后并没有把这条交易发给其他人，希望用这 100 元买东西。他把这个区块单独打包，发送给了小刚，但小刚在接收他的区块时，还会接收其他人发送的区块。因为区块和区块之间的信息互相依赖，如果小明想要成功欺骗其他所有人，他需要持续计算后续的哈希值，打包后续的区块，否则他的区块链就会比别人的短而被舍弃。这就意味着，在任何时刻，小明都需要比其他所有人抢先计算正确"工作量证明"的题目，从而成功伪造这条记录。这也意味着小明拥有超过全世界 50% 使用这条区块链的人的算力总和的计算能力，从实践上来说，这显然是不太可能发生的。[①] 所以经过一段时间后，小刚总会放弃这条伪造的区块链，选择正确的区块链。通常来说，为了避免有人因为运气太好，连续撞对了几个区块内工作量证明的答案，任何人接收到区块时都不会一开始就相信它，而是等待一段时间后，选择最长的那一条区块链。这段时间是整个货币机制预先设定好的，所以当越来越多的矿工加入挖矿时，获取货币的难度也会增加。

自此，我们解决了 Web3.0 时代货币面临的所有问题，区块链就是去中心化、分布式的电子账本，工作量证明让所有人能够达成共识，整套体系是安全的、可验真的。最后，如果我们把账本上记录的货币单位由"元"替换成"比特币"，整个比特币的货币

---

① 理论上有可能发生，参见 https://www.jinse.com/blockchain/359677.html。

体系就完整建立了。除了前面提到的这些，比特币还有一些特殊的规定，比如总量是 2 100 万枚、每过 4 年会减少一半奖励。[①] 不过，随着时间的推移，即使奖励的货币被挖空了，矿工还是能获取每个人在交易时需要额外支付的交易费（类似于在银行办理业务的手续费），所以这套体系能够一直运行到现在，并继续运行下去。

四、比特币创世的意义

比特币的创世奠定了区块链技术的基础，确认了开创 Web3.0 时代的三大支柱：去中心化、透明性、不可篡改性。

1. 去中心化

区块链技术让数据的存储不再局限于某个中心化的机构，而是可以储存在每个人的电脑里，真正让用户掌握了数据的所有权。同时，用户的数据也不会存在被中心化平台利用、篡改的风险，用户也拥有了对数据的控制权。去中心化这一支柱确认了用户在 Web3.0 时代所拥有的基础权利。

2. 透明性

所有用户都知道自己的数据储存在哪里，也知道它们是怎么发生变化的。过去，人们出于对中心化机构的信任把数据储存在第三

---

① 参考自 https://michaelnielsen.org/ddi/how-the-bitcoin-protocol-actually-works/。

方平台内，并不知道自己的数据记录是怎么存储、怎么进行流转的，如果这些中心化机构不是很靠谱，比如服务器出故障了或机构卷钱跑路了，那么数据就丢失了。透明性这一支柱确认了用户在Web3.0时代的权利所包含的实际内容。

3. 不可篡改性

任何数据一旦写入区块链，就会在密码学体系的保证下难以被篡改，在保证数据的所有权和控制权能够被实施的同时，也保证了它也是可靠、真实、安全的。不可篡改性保证了用户在Web3.0时代的权利能被正确地执行。

第二节　以太坊和智能合约

如果说"比特币"创造了整个Web3.0的世界，那么以太坊就是塑造这个世界中万物的基础。本节将详细介绍以太坊的诞生、运行生态及智能合约的相关知识。

一、以太坊的诞生

前文讲述了比特币创世的原理，它创造了Web3.0世界中的货币。可是在任何网络世界里，都不应该只有货币。类比Web2.0时代，组成我们互联网生活的很大一部分原因是我们使用各种各样的软件和平台。那么是否能够借助区块链技术，来构建把数据的所有权和控制权都还给用户的软件和平台呢？

区块链的去中心化、透明性、不可篡改性这三大支柱确认了用户对于数据的权利，而比特币可以看作一种对于"交易数据"的应用。构建各类软件和平台在本质上就是程序代码加上存储的数据，如果能把这些代码和数据都放在区块链上，是不是就意味着可以创造出 Web2.0 时代所有的软件和平台了呢？这就是以太坊诞生的原点。

以太坊的创始人维塔利克·布特林指出了基于比特币的区块链体系具有以下四大缺点。

- 图灵完备性缺失：编写比特币的脚本语言由于设计及安全性而删除了部分操作，因而并不能实现所有的计算操作。[1]

- 价值盲点：比特币系统的设计及脚本语言并不能为账户的取款值提供精细的控制。

- 状态缺失：比特币系统仅有已花费和未花费两种状态，只能创建简单的一次性合约。

- 区块链盲点：比特币系统看不到区块链当中的数据。

---

[1]　学术界针对"比特币图灵不完备"的表述尚有争议。

因此，维塔利克希望能够创建一个区块链，它的系统内具有图灵完备的编程语言，用这种语言可以创建预先设定规则（即合约）的编码，实现任意状态的转换，即链上数字资产的转移。在 2013 年末，维塔利克发布了以太坊白皮书《以太坊：下一代智能合约和去中心化应用平台》（*Ethereum: A Next-Generation Smart Contract and Decentralized Application Platform*），提出了整体的系统构想，并在 2014 年之后开始逐步实施，最终形成了如今的"以太坊"平台，这个平台主要包含以下组成部分。

1. 去中心化应用程序

去中心化应用程序（Decentralized Application，简称 DApp）之于以太坊，类似安卓手机上的应用程序之于安卓系统，但核心区别在于，它是去中心化的。这意味着一旦这些程序被创造，没有任何人（包括它的编写者）可以干预程序的运行。

2. 编程语言 Solidity

Solidity 是一种图灵完备的编程语言，类似于 Python、Java 等。可以利用 Solidity 在以太坊上编写各种智能合约和去中心化应用程序。

3. 以太坊虚拟机

在以太坊的去中心化网络里，每个节点在使用以太坊客户端时，都会同步安装一个以太坊虚拟机，被写入以太坊区块链上的程序可以通过交易触发在以太坊虚拟机上运行。这种方式相当于把程序部署在了以太坊全球用户的电脑上，从而实现了去中心化程序的部署和调用。

4. 以太币

类似于比特币，以太坊也有自己的代币，叫作以太币（ETH），不过它和比特币有一些区别，将在后文详细讲述。

自此，区块链正式开启了 2.0 时代，从货币时代迈入了应用时代，带来了后续丰富多彩的各类应用项目，为 Web3.0 世界中万物的孕育创造了土壤。

二、以太坊的运行生态

1. 以太币与 Gas

以太币是原生于以太坊的加密货币，同样可以用于交易。但与比特币完全不同的是，如果比特币被称为数字黄金，那么以太币就可以被称为数字天然气了。以太币发明的最初目的就是为以太坊网络提供燃料。因为去中心化应用程序分布在整个去中心化的网络上，为了激励人们在区块链上托管和维护数据，以太坊创建了以太币，为网络的运行提供动力。也就是说，任何一个在以太坊上部署去中心化应用程序的人，都需要为那些给以太坊网络提供计算能力和存储空间的节点支付以太币。整个供应思路的不同使得以太币和比特币存在一些区别：以太币没有总量的限制以及没有每年供应量减半的机制。

那么，系统是怎么决定每次需要支付多少费用的呢？这就涉及以太坊内置的一个定价系统——Gas。Gas 会根据应用程序的带宽大小、空间占用、计算难度等因素综合计算最终需要支付的费用。此外，Gas 的另一个作用是将以太币本身的价值和执行交易的成本相分离，这样的好处在于，当以太币的价格发生波动时，并不需要更新所有客户端上与计算价格相关的代码。在 Gas 系统中，最常用的计价单位是 GWei，一个以太币相当于 10 亿个 GWei。此外还有 Mwei、Kwei、Wei 等更小的单位。在部署去中心化应用程序时，你可以看到需要支付的 Gas 数量，同时你也可以调整自己愿意支付的数量，支付的 Gas 越多，交易处理的速度也会越快。

2. 以太坊运行原理

与比特币类似，以太坊的去中心化网络也是大量节点矿工通过工作量证明机制来维系交易的。每个节点矿工需要安装以太坊客户端来接入整个网络，并展示自己计算和验证交易的能力来换取以太币的奖励。同时，通过内部的 Gas 系统，节点矿工可以设置他们愿意接受的最低价格来处理交易。通过这一套机制，奠定了以太坊最底层的基础设施，节点与节点之间的去中心化网络提供了处理、验证、广播、存储交易信息的能力，这些交易信息里既包含数据，也包含代码。

在这个基础之上，各类程序员就可以利用 Solidity 等编程语言编写智能合约，即"规定合约和控制合约执行的代码"。这种智能合约使得原先需要各类中心化机构进行信用背书的合约能够自己执行，让约定可追踪、透明，并且永恒不变。在这个环境的基础上，Web3.0 的程序员们就可以在上面编写各类去中心化应用程序，而各节点与客户端一并安装的以太坊虚拟机能够确保这些应用程序与节点主机相分离，以确保去中心化应用程序的灵活性。至此，整个以太坊的运行系统就搭建起来了。

3. 代币与公开发行

以太坊运行体系的设计是一个天才的想法，但真正促进整个以太坊生态形成并繁荣的，是一份著名提案 ERC-20。ERC（ETHEREUM Requests for Comments，以太坊意见征集）是一套提案机制，可以让人们参与以太坊网络功能的更新与修改的过程。ERC 是一套代币（Token）标准，它指定了在以太坊上发行的所有代币需要遵守的规则。所谓 Token，既是具有不同功能的加密货币，又是可流通的加密数字权益证明，例如决定项目发展方向的投票权等，因此在有些场景中也将 Token 译作"通证"。有些特定项目可能会采用多代币系统，将用于价值存储的原生代币和用于决定社区发展方向且具有投票权的治理代币相分离，以便更好地促进整个生态的发展。以太坊允许任何人在遵守 ERC-20 的基础上发行和交易任何代币，并指明了包括总供应量、获取余额、转移代币、批准代币花费等一切与代币有关的规则来确保其兼容性。

为了方便读者理解代币，这里列举两个项目。一个是泰达币（USDT）项目，它是非常著名的一个稳定币项目，由 Tether 公司推出，通过严格遵守 1：1 的准备保证金的制度（即每发行一个泰达币就准备 1 美元），该代币和美元始终保持 1：1 的稳定汇率，防止汇率出现巨大波动。它因为能够将法定货币与加密货币的价值联系在一起，成为很多加密货币交易所最常用的价值度量之一。另一个是 REP 项目，它也是一个知名的代币项目。用户可以在 Augur 平台上创建自己对于某一事件的预测，一旦事件预测正确就可以获得 REP 代币的奖励，通过这种方式，以众包知识的形式来搜集全球范围内的观点和信息。

这些形形色色的代币首次发行的实践叫作首次代币发行（Initial Coin Offering，简称 ICO）。除了首次代币发行之外，代币的发行方式还包括首次分叉发行（Initial Fork Offering，简称 IFO）、首次矿机发行（Initial Miner Offering，简称 IMO）、首次交易发行（Initial Exchange Offering，简称 IEO）、证券化代币发行（Security Token Offering，简称 STO）。首次代币发行有些类似于股票上市的首次公开募股（Initial Public Offering，简称 IPO）。首次公开募股是一家公司第一次将其股份向公众出售，获取公司运营所需的资金，而首次代币发行就是将具有一定功能或服务项目的代币面向大众发售，筹集运营项目所需要的资金。虽然两者形式类似，但最大的不同在于，首次代币发行没有任何中心化机构的监管，这就让整个过程充满了风险。许多出资者可能会因为欺诈项目或合法项目的失败而损失所有投资的本金。虽然如此，在巨大的利益驱动下，依然有许多人乐于参与到首次代币发行的活动中去。

三、智能合约：代码即法律

人们常说，以太坊的出现推动了区块链技术从货币时代迈入合约时代。这里的合约指的就是智能合约。智能合约是如何运行的呢？

1994 年，计算机科学家尼克·萨博（Nick Szabo）第一次提出了"智能合约"的概念，远早于比特币的诞生。不过他对于这个概念的解读过于复杂，本文还是用一个案例的方式进行解释。假设一家电影公司想立项一部电影的拍摄项目，但没有足够的资金，所以把这个项目的样片放在一个众筹平台上筹集资金，期限为一个月。小明、小红、小刚、小丽觉得这部电影的样片非常有意思，于是为众筹平台的这个项目投资了一笔钱。根据平台合约规定，平台会保管所有用户投资到这个项目上的钱，保管期限为一个月，如果在此期间的任一时间点项目款全额筹集成功，所有的钱款会打给项目的发行方——电影公司。如果一个月结束钱还没凑齐，说明这个项目筹集失败，小明、小红、小刚、小丽以及其他所有给这个项目投资的人都将收到投资额的全额退款。这是 Web2.0 时代众筹的做法，以一个中心化的机构作为媒介，以其信用为背书，运行前期约定的合约。

那么到了 Web3.0 时代，我们可以运用智能合约，在去除掉中心化机构的影响的情况下实现这一系列功能。我们现在将中间的众筹平台替换成一份智能合约，在这份智能合约上用代码写下这样一串规则：

- 筹集方指定一个众筹金额和一个截止时间。

- 当筹集到的金额小于众筹金额时，一直向大众筹钱，将钱存储在合约对应的账户上。

- 如果筹集到的金额大于或等于众筹金额，结束筹钱，所有筹到的钱转给筹集方。

- 如果到了截止时间，筹到的钱仍少于设定的众筹金额，则将先前筹到的所有钱原路退还给支付方。

智能合约会忠实地按照上述规则自动执行下去，如果这一过程安全、不受干扰，那么这套系统就是可信的，而区块链为 Web3.0 创造的三大支柱"去中心化""透明性""不可篡改性"恰恰保证了这一点，并且解决了 Web2.0 时代的很多问题。"去中心化"意味着这份合约是分布式存储的，没有任何一个人可以干预合约的执行，可以有效避免现在很多众筹平台中途跑路的情况；"透明性"说明所有人都可以看到众筹金额的变化情况，转入转出都是透明公示的，可以有效避免 Web2.0 时代款项流向不明、执行落地情况不清的问题；"不可篡改性"意味着所有规则一旦被写入，就无法被篡改，有效避免了现在很多众筹规则总是被随意扭曲的情况。当然，除了众筹规则，投资规则、保险规则等各种类型的合约都可以以这种形式去确认。

在以太坊中，任何人都可以开发智能合约，开发后智能合约的代码会储存在以太坊的账户中，这类账户被称为合约账户。只有当外部账户向合约账户发起交易后，智能合约的代码才会被触发执行

（这也是为什么根据 ERC-20 发行代币时需要向合约转入一定数量的以太币）。一旦智能合约的代码被执行，就好比合同的法律条款永恒地刻在了 Web3.0 的世界中，所以智能合约又有着"代码即法律"（The code is the law）的美称。

四、以太坊 2.0 与 Layer2

虽然前面列举了以太坊的各种优势，但以太坊也并不是全无缺点。以太坊的底层就如同一条公路，公路的宽度有限，随着上路的车越来越多，以太坊会变得越来越拥挤，这一点在 2017 年就表现出来了。2017 年，《加密猫》（Crypto Kitties）游戏的流行使以太坊的交易量猛增，一度造成以太坊的崩溃，而现在 DeFi 的兴起让智能合约的应用层出不穷，给以太坊提出了更大的挑战，所以以太坊需要增加它的可扩展性，以便未来能支持智能合约的巨大工作量。目前主要有两种方式可以解决以太坊扩容问题：以太坊 2.0 升级和 Layer2 解决方案。

1. 以太坊 2.0

以太坊 2.0 升级最显著的变化就是把工作量证明机制转化为权益证明机制。在工作量证明机制中，算力最高的矿工可以得到区块的确认权限，但在这个过程中需要消耗大量资源。然而，在权益证明机制中，删除了矿工的角色，而用验证者取而代之。用户可以通过质押加密货币成为验证者，根据质押加密货币的数量和质押时间长短来提议一个区块，而其他验证者可以证明他们看到了这个区块，相当于为这个区块进行投票。当有足够的票数时，这个区块就可以添加到区块链中，提议成功的验证者也将得到奖励。因此，权益证明机制比工作量证明机制具有更高的吞吐效率且更环保、节能，相当于拓宽了以太坊公路的宽度。

此外，以太坊2.0还引入了分片链，其本质就是将主链拆分成多个拥有单独共识机制和验证者的分片。为了保证安全性，还会引入一条和主链并行运行的独立区块链，这条区块链被称为信标链。信标链把验证者随机分配给各个分片，来验证分片内的交易数据，确保所有分片链都与最新数据保持同步。如果说之前的主链是一条拥挤的公路，现在分片就使得这条公路拓展出几十条并发车道，原来拥挤的问题就可以得到解决。通过这种方式，网络每秒就能处理更多的事务，增加了以太坊交易吞吐量。

然而，升级为以太坊2.0在短期内很难实现，它包含三个阶段。

阶段0：于2020年底启动，先推出了信标链，此阶段的信标链的主要目的是为验证者注册并协调每个人抵押的以太币，暂时还不存在分片链。

阶段1：预计2022年开始，将信标链和以太坊合并完成后，就开始开发分片链，规划建立64个新的分片链，但是此时分片链仅支持验证，不支持账户、智能合约等。而后，以太坊将完全过渡到权益证明机制，基于工作量证明机制的挖矿会停止（有些人也把这个时期称为阶段1.5）。

阶段2：在该阶段，整个系统功能会开始全面融合，将支持账户、智能合约、开发工具的创建和新的生态应用等。

2. 以太坊 Layer2

虽然以太坊 2.0 能够解决扩容问题，但是目前来看，以太坊 2.0 的分片规划开发缓慢，而 Layer2 的扩容方案却能在短期内解决以太坊的拥堵问题。Layer2，顾名思义，就是以太坊的第二层网络，包括合约层和应用层。Layer2 的扩容方案为链下扩容，即不改变主链的基本协议，通过链下在主链外的应用层进行计算或存储，来减少主链上的数据处理，从而拓展主链的性能。目前，Layer2 的解决方案包括侧链、状态通道、Plasma、Rollup 等。

即便 Layer2 可以在短期内解决拥塞问题，但关于它的未来仍存在一些争议。一种观点认为，在中短期内，Layer2 会成为解决扩容问题的支柱；在长期内，以太坊 2.0 也会围绕 Layer2 的技术发展。根据智库型媒体 PANews 的消息，2020 年 11 月，以太坊的核心开发团队确认 Layer2 的 Rollup 方案的优先级高于以太坊 2.0 中的分片思路，以太坊 2.0 升级的阶段 1 中建立的分片链将为 Rollup 方案服务。但另一种观点认为，Layer2 自身存在一些问题，可能会阻碍平台的发展。Layer2 的各种解决方案目前都是为不同的项目而创造的，没有一个固定的方向，所以不同的项目之间的价值互通和协议的流动性仍是一个问题。例如，Layer1 中的单笔交易能和多个 DeFi 协议交互，但在 Layer2 上，一个交易只能和自身链上的 DeFi 协议交互。但无论如何，以太坊 2.0 的升级还是一个很漫长的过程，Layer2 作为目前扩容最有效的途径之一，如果能不断地优化，突破自身的瓶颈，那么未来它在 DeFi 的发展过程中肯定也会有一席之地。

第三节　下一代区块链

　　了解了比特币的创世、以太坊的繁荣，大家心中可能会产生一个疑问：下一代具有变革性的区块链技术会出现在哪里？我们看到了许许多多富有创新性、开拓性的杰出项目，但是似乎很难再找到可以引领一个时代发展的技术了。梅兰妮·斯万（Melanie Swan）在《区块链：新经济蓝图》（*Blockchain：Blueprint for A New Economy*）中将下一代区块链描述为：除货币和金融外，在其他领域上区块链的应用，包括健康、文化和艺术等，并探索出一套社会自治的体系。区块链发展至今，已经不再是一个简简单单的技术分支，而是渗透到了社会的方方面面。本节将结合最新区块链的发展，讲述其在 Web3.0 时代的经济活动、文化活动和社会活动中的应用。

一、区块链与 Web3.0 的经济活动

　　区块链出现的起点是"货币"，因此天然与人们的经济活动相互关联。在 Web3.0 的世界里，代币因为是一切权益的总和，又有着"通证"的美称，人们的经济活动是围绕代币进行的，所以又叫

作"通证经济"。每个人会将所有代币储在自己的区块链钱包里，每一个区块链钱包都拥有自己的地址和密钥，类似于银行账户和密码，也就是"公钥"和"私钥"。在发生任何经济活动或登录各类可能产生经济收支的平台时授予电子签名，来批准现在发生或未来可能发生的经济活动，管理作为经济资产的代币的流转。

这些代币在流转过程中依附的载体就是"链"，一般有公链、联盟链、私链三种形式。通常意义上的通证经济主要是基于公链的，它对所有人开放，每个人都能成为整个公链的一个节点，真正做到了去中心化。比如比特币、以太坊，其实都是公链，而币安智能链（Binance Smart Chain，简称 BSC）、Polygon 等也都是公链，每条公链都会形成自己的生态。联盟链是若干机构共同参与记账的区块链，仅限于联盟内成员使用，在合作与合规方面会具有一定优势，但并不是真正意义上的"去中心化"，可以被称为"部分去中心化"，避免一家机构对于数据的垄断。私链是某一机构私有的链条，链上的操作都需要授权，上面的信息也都是私密的，主要用于一些安全保障或特殊的业务。

不同的公链上基本都会发行自己的代币进行流通。从宏观经济角度来说，第一个要解决的问题就是供求：代币的供应量是多少？以什么样的规则进行供应？未来将存在多少？是否能够满足需求？这些都是代币体系设计时需要考虑的问题。而在供求关系发生变化的流通环节，以及流通中代币价格的变化，都是 Web3.0 宏观经济体系的一部分。而在微观层次上，整个经济活动的参与方非常多样，有矿工、发行方、消费者、中介，等等，如何平衡多方的利益也是需要解决的问题。而为了促进整个 Web3.0 通证经济的稳健发展，一套完善的金融体系也就十分重要了。因此，DeFi 作为 Web3.0 世界的金融系统一直都广受关注。

二、区块链与 Web3.0 的文化活动

Web3.0 世界的文化活动需要解决最重要的两个问题：（1）如何将数字文化创作资产化？（2）如何解决数字文化作品的确权问题？第一个问题是 Web3.0 文化活动区别于 Web2.0 的根本问题，因为 Web3.0 要求数据的所有权需要从平台侧还给用户。在 Web2.0 时代，用户只拥有数字内容的使用权，没有所有权，因此数字内容无法成为用户真正的资产。当平台的规则发生变化，或平台停止运营等事件出现时，用户无法控制这些数字创作被删除或以其他形式被处置。而第二个问题需要回答的是 Web2.0 时代一直没有被很好地解决的问题。数字文化内容相比于实体文化作品更容易被复制与传播，真伪鉴定和知识产权保护都十分困难。NFT 在 Web3.0 时代很好地解决了上述两个问题，让用户真正拥有自己的数据资产的同时又完成了对创作者的确权，用户也能够将这些作品打造成数字商品，在 Web3.0 的世界里自由交易。

三、区块链与 Web3.0 的社会活动

在用户主导的 Web3.0 世界，社区内的社会活动很可能主导未

来的发展方向。从区块链诞生之日起，社区治理问题就一直是人们讨论的方向。社区治理需要回答的问题也很多，例如，如何推动协议与共识机制的改进？如何共同维护网络与节点？项目的代币如何分配？发生重大事件时怎么决策？社区项目如何进行推广和激励？小到社会成员之间关系的分工与管理，大到整个区块链项目与资金的管理，都是 Web3.0 社会活动的一部分。这类社会活动通常分为链下和链上。链下的社会活动主要集中在一些交流社区或项目的官方论坛与群组。例如，Discord 就是目前 Web3.0 领域最火的链下活动社区之一，它本身是一款服务于游戏的社交软件，而随着后续创始人的决策与大量加密界人士的入驻，逐渐转变为大家交流 Web3.0 领域知识和活动的重要场所。除了这类链下的活动外，为了真正在链上也解决这些问题，一种全新的组织范式在 Web3.0 的世界中被创造，即分布式自治组织。这类组织通常汇聚了一批具有共同的目标和价值观的人士，用民主化的投票方式决定组织的战略方向和运作方式。

第三章

Web3.0 的金融系统：DeFi

DeFi 真的在吞噬整个金融世界。

——**杰西·鲍威尔**（Jesse Powell）

第一节　DeFi 的含义与特征

如果我们可以给世界上几乎所有的人发电子邮件，为什么我们不能同样容易地给他们寄钱？或者向他们提供贷款呢？这些问题是 DeFi 的信念、活动和目标的基础。本节将详细阐述 DeFi 的含义与具体特征。

一、什么是 DeFi

DeFi 是去中心化金融的英文简称，指的是建立在区块链之上的金融应用生态系统。它的目标是以去中心化的方式开发和运营没有银行、支付服务提供商、投资基金等中介机构的金融系统，在透明化的区块链网络上提供所有类型的金融服务。

这个概念似乎并不难理解，但为什么 Web3.0 时代的用户会在金融领域有去中心化的诉求呢？在 Web2.0 时代，中心化机构拥有各类金融服务管理的主导权。因为各中心化机构之间复杂的利益关系、制度差别等因素，一旦用户的金融服务涉及跨机构运作，就会遇到复杂的流程手续以及高昂的手续费。例如，如果你想从英国的一家银行汇款到新加坡的一家银行，会发生什么事情呢？首先，你需要根据汇款的金额、事项、个人身份等信息填写一大堆表单，如果超出了正常汇款金额的限制，可能还会涉及额外的申请。然后，你需要缴纳多笔费用，包括汇出银行的汇出手续费和汇入银行的汇入手续费，每一项手续费内都包含多项子费用。然而，就算支付完手续费之后，汇款往往也不是及时到账的，需要等待 1—2 个工作日才能完成。传统金融这种昂贵、低效的结算方式在 Web3.0 时代可以得到很大的改良。运用区块链进行加密货币结算可以在 15 分钟以内完成跨国汇款，又因为没有中心化机构抽取利润，只需要支付算力消耗的手续费即可。同时，在一些国家，对于银行不同账户的开通是有资质限制的，比如开户需要有多少资产、开户人需要满足什么条件等。在这种情况下，金融服务难以做到普惠，那些不满足开户条件的小微客户，也就无法享受到任何金融有关的服务了。而 DeFi 却能做到真正让每个人都能公平地享受到投资、理财、借贷、保险等金融服务。此外，许多资本主义国家的银行在金融危机中发生过破产的情况，世界上一部分人对于中心化机构提供的金融服务持有不信任的态度，担心因为管理者的经营不善，自己的财产可能会在一晚上从人间蒸发。因此，DeFi 也就正式登上了时代的舞台。

DeFi 的运行机制也十分简单，用户向区块链质押一定的抵押品（通常是代币），质押会触发相关智能合约。然后，用户可以通过智能合约里面设定的各种协议享受到不同的金融服务，这样的运行机制也就摆脱了中心化机构的影响。

DeFi 通过消除中心化机构，使任何人都可以在所有连接了互联网的地方使用各类金融服务。但在从中心化机构手中夺走控制权的同时，DeFi 并不具备完全匿名性质。虽然有些交易并不需要提供交易者的姓名等身份信息，但可以为有权访问的实体提供追踪途径，这些实体可能是政府、执法部门或为保护人们的经济利益而存在的其他实体。[①] DeFi 依然可以是被监管的 DeFi，而且这种监管是必要的。目前，许多在 DeFi 领域出现的风险事件、黑客事件都验证了监管的重要性，只有置于监管之下，DeFi 才能获得更好的发展。

二、DeFi 的特征

1. 开放、透明

区别于传统金融中受限、许可制的访问原则，DeFi 具有开放、

---

① 参考自 https://www.investopedia.com/decentralized-finance-defi-5113835。

无许可的访问模式。任何人都可以通过连接互联网访问他的区块链钱包，并以此参与到 DeFi 的各类项目中。这样的访问形式既不受限于地域，也没有资金门槛，真正做到了使用上的全方位开放。

除了在使用上具有开放性外，DeFi 在数据传输和协议机制的设定上也具有开放、透明的特点。如前文所述，在使用公链的情况下，每笔交易都必须广播给网络上所有的节点用户。同时，每一个节点用户都会验证广播给他们的交易，这使得交易数据会开放给所有的用户，从而让用户可以实现全面的数据分析。不仅如此，DeFi 的协议还是完全开放的，人们可以自由查看、审计和开发现有 DeFi 协议的源代码，共同参与 DeFi 生态的建设。

2. 可组合、高延展

DeFi 又被称为"货币乐高"，高延展性的设定赋予了 DeFi 持久的生命力。DeFi 体系中各类相关协议代码全部开源，并且在结算层面具有很高的互操作性，可以跨不同平台或不同的加密货币进行互通，可以自由地组合。DeFi 项目的开发人员在开发项目时，只需要根据目标金融服务场景的需求组合已有的协议元件，就能形成全新的金融解决方案并写入智能合约中。例如，你可以通过组合以下四个"乐高"元件创建一个 Web3.0 时代的理财产品。

（1）链上聚合交易协议：可以查询不同链上各类加密货币互换的汇率。

（2）去中心化交易协议：可以用一种加密货币换取指定的另一种加密货币。

（3）借款协议：借出加密货币可以获得利息。

（4）保险协议：交易中出现特定的风险事件时可以获得赔偿。

组合的方法是：当用户支付他所拥有的加密货币时，系统会使用链上聚合协议去查找最优换取稳定币的汇率，然后利用去中心化交易协议去兑换一定数量的稳定币来避免币值的过度波动，再通过借款协议将这些稳定币借出来收获利息，最后通过保险协议来避免这个流程中可能出现的高风险事件。通过这样的组合方式，用户实际上就得到了一款可以用任何形式的加密货币买入、定期获取利息，并且风险还较低的金融产品。

3. 方便、快捷

在 DeFi 体系中，每个用户都是自己金融资产的主人，可以自由、方便地控制资产的流向和使用方式，而不用受到机构的一些不合理约束。例如，当中心化机构的电子交易系统进入维护时，我们就无法在家自由地使用资金，需要去线下机构的实体门店。而如果门店遇到拆除、关闭等特殊事件时，我们除了需要搜寻附近正常开业的门店外，还需要付出额外的路途奔波成本。另外，中心化机构的经营时间有限，在节假日、休息日或者工作日的休息时间，都无法按时完成交易。并且，就算可以完成交易，具体交易消耗的时间也依赖于机构本身的工作效率。而在十分便捷的 DeFi 中，只要网络正常，我们都可以 24 小时无间断使用金融服务，并且在几分钟至十几分钟的较短时间内完成任何交易。

第二节　DeFi 的生态和发展趋势

一、DeFi 生态概述

整个 DeFi 生态大体可以分为两部分：基础设施和应用项目。

1. 基础设施

DeFi 生态的常见基础设施主要包括区块链钱包、去中心化稳定币、聚合器、预言机。

（1）区块链钱包

区块链钱包相当于 Web3.0 世界中的银行账户，它可以允许用户管理不同种类的加密货币，如比特币或以太币。每当创建区块链钱包时，都会生成一对与钱包关联的私钥和公钥。公钥相当于银行账户，可以公开给需要和我们发生交易的所有人，当想要转账给某个人的账户时，只需要输入接收者的公钥即可，就好像我们日常转账需要输入对方银行账号一样。私钥相当于银行账户密码，只有所有者知道。每次发生交易时，都需要授予个人电子签名，即将私钥输入签名函数完成验证，类似银行支付时需要输入交易密码一样，以此来保证交易的安全性。常见的区块链钱包包括 Trust Wallet、MetaMask、Ledger、imToken、Coinbase 等。除了具备钱包本身的功能外，一些区块链钱包还具有平台登录时的身份验证、不同类别的代币之间的兑换等多种功能。

（2）去中心化稳定币

不同于现实中的各种货币，比特币、以太币这类加密货币的价格波动都很大。但一个稳定的金融生态是需要拥有稳定价值的货币载体的，这也就是稳定币诞生的原因。

在第二章中，我们介绍了一种稳定币——泰达币，它通过严格遵守 1∶1 保证金的制度来实现价值的稳定。然而，因为整个系统由一个中心化的公司维持运转，保证金的兑换可能遭到黑客攻击、被关闭，导致这套稳定币体系崩溃。所以，在 DeFi 的体系中，需要引入去中心化的稳定币，来维持整个生态的平稳运行。

（3）聚合器与预言机

我们在金融系统运作中还常常会有针对聚合投资信息的基础需求，就像炒股、买基金需要雪球、同花顺、东方财富这样的聚合平台一样，而这些平台在 Web3.0 中对应的就是聚合器。聚合器允许用户通过一个应用程序轻松管理不同 DeFi 协议中的流动性投资，从而简化了进入 DeFi 领域的过程。除了流动性管理外，聚合器还允许用户通过投资组合跟踪器跟踪他们的投资。不过，在跟踪投资时，用户不但需要获取区块链上的数据，还需要获得一些外界的数据信息辅助投资决策，就好像雪球之类的财经平台可能也会载入一些外界的时政新闻、社交媒体的舆情数据等。

区块链是一个确定性的、封闭的系统环境，目前区块链只能获取到链内的数据，而不能获取到链外真实世界的数据，区块链与现实世界是割裂的。当智能合约的触发条件是链外的信息时，就需要预言机来提供数据服务，通过预言机将现实世界的数据输入到区块链上。例如，Chainlink 预言机就是使用最广泛的预言机之一，它通过智能合约从多个受信任的第三方来源获取外界信息，同时还具有声誉评判、订单匹配、聚合数据的机制措施来防止数据被篡改；Etherscan 预言机是一种可以获取地址、代币交易、智能合约相关链上数据的基础设施。

2. 应用项目

本文侧重介绍最主要的三类项目：无中介借贷、去中心化交易、衍生品与合成资产。下面仅对这三类项目进行简要介绍，后续小节将分别对每类项目展开详细的介绍。

（1）无中介借贷

无中介借贷平台旨在在无须中介机构的情况下提供加密货币贷款，用户可以直接在平台上征集或抵押他们的加密货币用于借贷目的。借贷的过程就好像银行存款和贷款，当你存入加密货币时，就可以收获利息；当你借出加密货币时，就需要支付利息。只不过，这一过程并没有"银行"这一中心化机构的参与。

（2）去中心化交易

提供去中心化交易服务的平台通常被称为去中心化交易所（Decentralized Exchange，简称 DEX），它是一个点对点市场，交易直接发生在加密交易者之间，它可以实现在不受银行、经纪人、支付处理商或任何其他中介机构主持的情况下完成金融交易。与

Coinbase 等中心化交易所（Centralized Exchange，简称 CEX）不同，去中心化交易所不允许法定货币和加密货币之间的交易，只允许加密货币之间的转换。另外，去中心化交易所中的智能合约可以借助算法确定各种加密货币的价格，并利用"流动性池"来促进交易，投资者可以选择在流动性池中锁定资金来获取类似利息的奖励。

（3）衍生品与合成资产

无论是在传统金融体系还是去中心化金融体系下，衍生品都是金融市场的重要组成部分，而合成资产也属于加密世界中非常具有特色的一种衍生品类别。不同需求的用户可以利用它们实现非常复杂的操作，以此实现对冲（对冲掉不需要的风险，只追求需要的收益）、投机（押注获得巨大盈利但也伴随巨大风险的机会）、套利（利用资产不合理的定价来赚取"无风险"的收益）等不同的金融目的。

除了上述三类主要项目，后文还会对其他 DeFi 项目进行补充介绍，包括资产管理、保险和流式支付。

二、DeFi 发展趋势

1. 治理改革

在 DeFi 系统内，协议用户和代币持有者的利益存在很大的偏差，大概只有 7% 的用户同时属于这两个类别。协议用户看重的是 DeFi 协议本身的应用价值，他们一边享受着 DeFi 金融系统的便利，一边期望着 DeFi 协议能够获得长期、中立、稳定的发展。然而，代币持有者则以投机者居多，他们更希望能够尽快提取协议的短期价值，即使这意味着会损害整个协议项目的长期可持续性。协议用户和代币持有者有着根本性的利益目标冲突，DeFi 的治理改革成为 DeFi 发展之路绕不过去的门槛。

2. 非美元稳定币与算法稳定币

近年来，美元指数的持续下跌表明，利用美元来锁定资产价值的能力在减弱。为了应对这一趋势，在 Web3.0 领域，也衍生出非美元法定货币稳定币、一篮子货币稳定币以及算法稳定币等其他类型的稳定币。

从本质上来讲，任何单一货币都有贬值的可能，非美元法定货币稳定币仍会暴露出与美元稳定币类似的问题。而对于一篮子货币稳定币而言，由 Facebook 发起的稳定币 Libra 的命运可以看出其推行的困难程度。2019 年，Libra 推出后，美国参议院举办的听证会对它的态度就较为消极，Libra 后续也被迫改名为 Diem，支持的货币也从原来的 4 种变为美元这 1 种。相比以上两类稳定币，算法稳定币则具有较大的发展空间，这也是近年来 DeFi 发展的方向。

3. 衍生品创新

多年来，金融衍生品在 DeFi 领域进行了大量实验。DeFi 正在进行衍生品领域的新颖和创意设计。例如，加密期权市场以分散的流动性和到期的高展期成本而闻名，因为该市场可以使用永续框架。这种方法为流动性提供者提供了更高的资本效率，它将许多到期日的流动性整合到一个市场中。

第三节　DeFi 的风险与监管

为了获得加密原生社区以外的人和机构的信任，DeFi 应用必须克服一系列障碍和风险，这些风险是密不可分并且相互影响的。

一、技术风险

根据区块链安全公司 PeckShield（派盾）发布的《数字货币反洗钱暨 DeFi 行业安全报告——2021 上半年报告》，2021 年上半年，发生了 1 375 起与虚拟货币有关的重大安全事件，其中与 DeFi 相关的重大安全事件为 86 起，损失金额达到 7.69 亿美元，高频的安全事故源自智能合约漏洞引起的黑客攻击。由此可见，DeFi 在技术方面并不是无懈可击。

DeFi 在技术方面的风险主要分为智能合约风险和可组合性风险。在智能合约风险方面，首先，一个最常见的风险事件是，如果不慎把资金转到错误的地址，由于智能合约具有不可更改的技术特性，这笔交易是不可撤销的。其次，智能合约代码中的任何故障和漏洞都可能导致黑客攻击，并给去中心化应用的用户带来巨大损失。此外，预言机起着连接区块链和链下系统的作用，是一个独立的网络运行，因此预言机需要和区块链保持同样高的安全水平，才能保证智能合约能安全地到达链下端，但是目前预言机服务是由第三方中心化的运营商提供的，在合约执行的过程中不可避免地会遇到中心化系统常见的问题，如预言机下线、黑客攻击等，甚至中心化预言机运营商也有可能发起恶意攻击。

在可组合性风险方面，DeFi 的开源代码可以像乐高一样自由组合，从而构建各种复杂的应用和产品，这在很大程度上是一件好事。但是，如果组合得过于复杂，用户就难以识别这个产品的难度，就会为了规避风险而不去使用产品。同时，太复杂的产品设计也会把一些风险和漏洞隐藏起来，导致用户不易发现，从而使欺诈交易、黑客攻击的风险增大。并且，由于 DeFi 项目的开放性，资产流动性得以增强，但借贷协议中的抵押与流动性供应之间存在超额抵押和反常激励的机制，所以在相互组合的 DeFi 项目中，如果有一环出现抵押违约等情况，就有可能造成整个系统的崩溃。

除此以外，几乎所有相关的 DeFi 项目都建立在以太坊区块链之上，而以太坊现在非常拥挤。在 DeFi 项目使用率高的时候，以太坊有可能出现一些堵塞问题。如果网络拥堵，交易就会一直处于待定状态，最终导致市场效率低下和信息延迟。鉴于目前在吞吐量方面的瓶颈，DeFi 在以太坊上是否可行是非常值得怀疑的，尤其是在以太坊经历了进一步的用户群增长之后。简而言之，DeFi 目前的发展高度依赖于以太坊 2.0 的成功更新，但预计至少还需要几年时间才能解决。

二、中心化风险

从理论上讲，DeFi 是去中心化的，但是 DeFi 的治理框架仍然带有中心化的色彩。这是因为 DeFi 中的很多应用都是由某个团队或公司开发和设计的，而在项目早期，平台治理的主体通常只能是开发者。就算到项目后期上线了治理代币，开发者也可以持有平台的治理代币，并对提案进行投票。这些都意味着 DeFi 平台也具有了中心化的元素。例如，第二大 DeFi 借贷协议 Compound，被设计成能够由中央管理员升级。直到最近，该平台才推出了它的代币 COMP，转向去中心化治理，并公开表示这一转变将在一段时间内进行。

另一方面，在一些特定规则下，决策权可能集中在少数的大量稳定币持有者手中，例如，一些区块链项目将部分稳定币分配给内部人员，或是区块链中持有稳定币更多的人会得到更多的奖励。然而，这些持币量大的少数持有者有可能会联合起来，在自己的账户之间进行虚假交易，或是通过特定策略进行"抢先交易"，从而提高自己的经济利益。

到今天为止，真正意义上的去中心化在很多项目中还并未实现，大多数项目的开发者都有万能钥匙，不仅可以关闭或禁用去中心化的应用程序，还可以对其进行升级，并在出现技术问题时提供紧急关闭。随着代码和去中心化的治理模式变得更加经得起考验，预计 DeFi 的去中心化趋势将不断增强，并放弃这些技术后门。

目前，很难想象 DeFi 项目以真正去中心化的方式进行治理的情景。去中心化的治理形式如何满足合规和监管要求？如果在一个去中心化的决策模式中，大多数代币持有者根本不针对合规性更新或金融反洗钱要求进行投票怎么办？在这方面，监管机构以及 DeFi 部门都还没有提出可行的、可持续的解决方案。DeFi 是否能够克服去中心化的核心风险和挑战还是未知数。

三、流动性风险

流动性对于金融业的有效定价至关重要。流动性风险其实和技术风险密切相关，也就是以太坊平台的技术可扩展性和拥堵问题。在危机时期，以太坊网络会变得很拥挤，套利者和流动性提供者无法保持各场所的价格一致，从而导致个别交易所出现大规模混乱，引发价格波动和市场价格下跌。

当价格波动加剧和市场价格下跌时，会发生一系列崩溃性的连锁反应：DeFi 项目的清算会加速，由于存在较大的交易杠杆，小的波动就会引发清算头寸。但不同交易所的清算门槛是不一样的，最终就导致交易所之间的价格差异。此时，一些套利者会在不同交易所之间转移资产，利用交易所的价格差来进行套利，进而引发对区块空间的需求爆炸式上升，以太坊的交易费用也会急剧增加，交易在几分钟甚至几小时内都不会被纳入区块。同时，随着价格的崩溃，挖矿收入会低于电力成本，矿工会开始关闭他们的机器，这反过来又进一步减缓了新区块的生产速度，增加了延迟，减少了总吞吐量。

在这个时候，整个加密货币市场尤其是 DeFi 体系会受到重创。加密货币市场崩溃后，许多抵押债务头寸，即持有抵押品的智能合约会被清算，但由于以太坊网络拥堵且交易价格没有得到调整，许多清算交易就没有被矿工纳入区块中。以无中介借贷 DeFi 项目 Maker 为例，加密货币市场崩溃导致没有人在抵押品拍卖中竞标。所以，只要有一个人提高交易价格，他就会是唯一的拍卖参与者，甚至可以出价 0 美元参与拍卖。有人在当时就意识到了这一点，所以他在 Maker 拍卖中出价 0 美元获得了价值 800 万美元的以太币抵押品。

此外，因为 DeFi 协议之间的相互依存关系，特别是目前 DeFi 对其发行的第一个去中心化的稳定币 DAI 的依赖，任何风险都可能变成整个 DeFi 空间的潜在系统性风险。截至目前，以太坊网络以及加密货币领域的套利者和流动性提供者还无法提供全球规模的资本市场活动和流动性，而未来要应对流动性冲击，就需要以太坊 2.0 更新来改善吞吐量和延迟，或是使所有交易所在面对流动性问题时变得更专业、更强大。

四、DeFi 的监管

得益于智能合约的自动和强制执行，以及链上交易实时支付、实时清算的特性，DeFi 可以独立运行。但 DeFi 是通过积木的方式层层构造的，一点点风险都有可能引发连锁效应，造成更大范围的损失，因此就需要更高层次的监管机构介入。但目前各国针对 DeFi 暂未出台明确的监管制度和法律法规，所以在本节中仅简单介绍各国对 DeFi 的监管进展。

1. 国外对 DeFi 的监管

各国对加密行业的合规化监管已经蔓延到了 DeFi 领域。2021年 2 月，英国财政部下令对金融科技进行审查，并且呼吁应根据当前监管框架和"相同风险，相同监管"的原则，采用功能和技术中立的方法对加密资产进行监管；同时，监管框架还应该具备足够的灵活性，能根据加密资产相关活动产生的风险随时调整。

2021 年 6 月，泰国证券交易监督委员会（Securities and Exchange Commission Thailand，简称泰国 SEC）宣布，将来任何与 DeFi 相关的活动可能都需要获得金融监管机构的许可；同时，发行代币的 DeFi 协议会受到泰国证券交易监督委员会更严格的监管。泰国证券交易监督委员会表示，"数字代币的发行必须得到泰国证券交易监督委员会的授权和监督，发行人必须通过数字资产法令许可的代币门户入口来披露信息并提供代币。"

美国也曾多次对 DeFi 进行监管。目前，美国的多个联邦相关机构，例如美国司法部、美国金融犯罪执法网络、美国国内收入署、美国商品期货交易委员会和美国证券交易监督委员会等，都参与到对 DeFi 的各方面监管中。

- 2018 年，美国证券交易监督委员会曾以未经注册经营交易所的理由，对以太坊上最早的去中心化交易所 EtherDelta 处以 38.8 万美元的罚款。

- 2021 年 8 月，美国证券交易监督委员会指控最早的资产代币化项目之一 DeFi Money Market 采用欺诈手段发行了未经注册的证券，其中包括协议治理代币 DMG，这是美国证券交易监督委员会首次对 DeFi 项目进行执法行动。

- 2021 年 9 月，根据《华尔街日报》的消息，美国证券交易监督委员会正着手调查 Uniswap 的开发团队，研究用户如何与平台互动，以及 Uniswap 的市场营销方式等，这一消息使治理代币 UNI 的价格短时下跌。
- 2021 年 11 月，美国证券交易监督委员会还针对 DeFi 的监管，发表了《关于去中心化金融风险、法规和机遇的声明》（*DeFi Risks, Regulations and Opportunities*），其中明确了 DeFi 面临的结构性障碍，以及证券交易监督委员会在监管中所起的作用。

目前，美国证券交易监督委员会并没有出台专门针对 DeFi 和区块链项目的监管框架，但是，根据 DeFi Money Market 一案的处罚来看，美国证券交易监督委员会主要还是根据证券法对 DeFi 进行监管。其中很重要的一点是，DeFi 协议是否通过发行未经注册的证券来获利。

2. 中国对 DeFi 的监管

中国目前对 DeFi 采取完全禁止的政策，最重要的原因是对于底层加密货币的强监管。2021 年，最高人民检察院和多部门联合印发的《关于进一步防范和处置虚拟货币交易炒作风险的通知》，明确了虚拟货币相关业务活动属于非法金融活动，参与虚拟货币投资交易活动存在法律风险。2021 年 5 月至 6 月，中国密集出台政策，限制了加密货币在中国的交易，并且禁止了加密货币矿场的运营，矿工大规模撤离。2022 年，最高人民法院发布《关于修改〈最高人民法院关于审理非法集资刑事案件具体应用法律若干问题的解释〉的决定》，也明确了通过虚拟币交易等方式非法吸收资金的罪名。这些严厉的监管政策旨在保护散户投资者的资产安全，避免非监管环境下可能面临的财产风险。

可以预见，DeFi 未来的主旋律一定是和合规并行，DeFi 目前也正在试图完全满足金融监管者的要求。为了符合监管要求，一种监管金融风险的新方式在最近被提出，被国际清算银行称为嵌入式监管。这种监管模式的转变将允许金融当局作为一个活跃的 DeFi 基础设施参与者出现，它拥有干预或关闭项目等各项权限，可以通过读取市场的分布式账簿来自动监测和监管目标的遵守情况。

第四节　DeFi 项目：无中介借贷

一、结合稳定币的借贷机制：Maker

1. Maker 项目简介

Maker 是最早和最著名的着重于 DeFi 借贷的项目之一，它用一种与传统金融大相径庭的方式让去中心化的借款和贷款成为可能。

与传统金融的方式大不相同，Maker 的既定目标是促进"没有波动的财务自由"。为了实现这一目标，Maker 协议允许用户以各种支持的加密货币资产作为抵押品进行借款，并将它们存入智能合约。

Maker 的核心智能合约是抵押债务仓位（Collateralized Debt Position，简称 CDP）。我们用一个类比案例来描述这个合约的原理。假设你正在银行请求房屋贷款，决定将房子作为抵押品，在抵押后，银行才会把现金交给你作为贷款。同时，你需要在银行开设一个账户，定期或不定时存入资金用于定期还款，当你的账户无法偿还贷款时，银行可能就会把房子收走拿来拍卖还款。对于 Maker 来说，以太币就相当于房子，智能合约相当于银行，DAI 相当于贷款。用户把以太币存入抵押债务仓位智能合约，然后就能获得 DAI 贷款。如果抵押的以太币价值低于某一个阈值，那么要么用户像偿还银行贷款一样偿还智能合约的贷款，要么智能合约会把以太币收走并拍卖给竞价最高者。

Maker 项目于 2015 年由开发者和现任首席执行官鲁恩·克里斯蒂安森（Rune Christiansen）启动，他在他的 Maker 基金会旗下的以太坊区块链上建立了 Maker 协议。克里斯蒂安森的愿景是创建一个去中心化的金融系统，由用户社区管理该系统，这样做，即使在高通胀等不利的经济环境中，也能让借款人对他的资产拥有更多的控制权。随着时间的推移，Maker 基金会已经积极让出对 Maker 协议的控制权，以便完全转移其所有权，成为一个 DAO，又叫 MakerDAO。DAO 由世界各地的个人组成，他们持有 MakerDAO 的治理代币 MKR，并拥有对网络变化的投票权利，具体投票界面可参见图 3-1。

图 3-1　MakerDAO 投票界面

资料来源：https://vote.makerdao.com/

2. 去中心化稳定币 DAI 和治理代币 MKR

　　DAI 与 MKR 两种代币是 MakerDAO 的核心。DAI 是一种去中心化稳定币，旨在通过供求关系与美元挂钩。当用户通过 MakerDAO 平台寻求借款时，他们存入支持的加密货币作为抵押品，并以 DAI 获得贷款。同时，MKR 代币在系统积累坏账的情况下提供后援流动性，而 MKR 的持有者也会在 Maker 协议的治理中发挥作用。

　　当用户想要借用 DAI 时，他们将以太币或其他抵押资产存入 Maker 协议，由 Maker Vault（相当于 Maker 的金库）保管，并获得相对于其抵押品的新铸 DAI 贷款。借出的 DAI 可以在任何时候偿还，以换取抵押品。如果以太币价值下降，Vault 可以清算抵押品以确保贷款的安全性。同时，当欠款偿还时，DAI 会自动销毁。

　　MakerDAO 最大的特点就是 DAI 在从发行到流通再到赎回的整个生命周期中，完全去中心化，不带入任何外界的第三方风险，但是却能够让它的价值稳定在 1 美元。而 DAI 能够保持币值相对稳定的原理很简单：

- 当 DAI 的价格超过 1 美元时，内部机制将采取措施来降低其价格。
- 当 DAI 的价格低于 1 美元时，内部机制则会提高它的价格。

　　想要获得一定数量的 DAI，就需要抵押一定的以太币或平台认可的其他币种。每当 DAI 的价格不足 1 美元时，参与这套抵押体系的用户就能赚钱。偏离 1 美元越远，用户获得的将 DAI 的价格稳定为 1 美元的经济激励就越强。

　　当 DAI 的价格不足 1 美元时，抵押债务仓位所有者，也就是 DAI 的抵押贷款的持有者，可以以更低的价格来偿还债务。例如，假设小明用价值 500 美元的以太币开了一个抵押贷款（为了方便理解，这里假设是等额抵押的，但实际上并不是），随后取出了 500 个 DAI。在关闭抵押贷款时，需要偿还 500 个 DAI。如果 DAI 的价格降至 0.99 美元，那么就可以用 495 美元的价格来购买 500 个 DAI 归还贷款，赚取价值 5 美元的以太币。越多的用户因为 DAI 的价格下降而赚到了钱，就意味着有越多的 DAI 被取出，池子中 DAI 的数量减少，价格就会上升。在上升过程中，赚取差价的空间会越来越小,所以价格的上升并不是无止境的,最终在逼近 1 美元时 DAI 的价格将趋于稳定。

相比之下,MKR 的功能旨在激励持有者在集体管理网络时负责任地行事。MKR 赋予的治理权允许持有人通过投票来调节生态系统:增加新的抵押品类型和风险参数。除了治理,MKR 持有者还充当 DAI 贷款的最后买家,如果 Maker Vault 中持有的抵押品以太币不足以覆盖流通中的 DAI 数量,MKR 将被创建并在债务拍卖中出售,以提高抵押品的数量。

3. 超额抵押机制

法定货币、贵金属和财产等稳定且风险相对较低的资产通常是抵押品的最爱,而使用加密货币作为抵押品对贷方来说风险更大,因为它的价格可能会发生巨大变化。想象一个项目要求 100 美元的以太币抵押品,以换取 100 个与美元挂钩的代币。如果以太币的价格突然下跌,贷方的抵押品将无法支付他们发放的贷款。为了解决这个问题,Maker 在借贷时采用的是超额抵押机制。例如,假设超额抵押机制设定的比例为 200%,贷方在借出 100 美元的稳定币时就会被要求提供价值 200 美元的以太币。

MakerDAO 多年来一直使用超额抵押来维持合理可靠的挂钩。当用户想借出 DAI 时,就需要将加密货币锁定在抵押债务仓位智能合约中来换取 DAI。抵押债务仓位会设置一个清算比例,假设这个比例设置为 2 倍,这意味着用户需要为 100 美元的 DAI 提供 200 美元的以太币,用户也可以根据需要添加更多的资产以降低风险。

如果抵押金额低于预设比例，将产生罚款，而最终如果用户未能以增加惩罚后的利率偿还欠下的 DAI，将面临清算风险。

二、结合流动性池的借贷机制：Compound

1. Compound 项目简介

Compound 是另一个知名的无中介借贷平台，以流动性池的利率机制而出名，下面来介绍一下它的工作原理。

当用户将 1 个 DAI 放到智能合约时，智能合约会产生额外的 cDAI（compound DAI）给放贷人。而放贷人随时能以 cDAI 换回原本的 DAI 以及多出来的利息。如果放贷人放入 1 个 DAI 后获得 10 个 cDAI，则 DAI 和 cDAI 的兑换比例是 1：10。随着时间与利率的增加，这个兑换率的值会越来越大。这里列举一个更形象的例子去解释这个过程：小明将 100 个 DAI 放入智能合约中，获得了 1 000 个 cDAI，此时的兑换率为 1：10。等到下一个时期，小明决定把放贷的钱连本带利提取出来，这时候，DAI 与 cDAI 的兑换率增加到 1：8，于是，小明用之前持有的 1 000 个 cDAI 换回 125 个 DAI，多出来的 25 个 DAI 就是小明获得的利息。

Compound 通常支持一组特定的加密货币的借贷，例如 DAI、以太币、USDC 等。如果用户拥有上述任何一种 Compound 支持的加密货币，可以向 Compound 协议锁定任何他所希望的金额，来进行借款。用 Compound 借出加密货币，就像把用户的钱放在一个储蓄账户里由银行后面处理借出，但这个过程是由智能合约来完成的。同时，像银行贷款一样，用户可以获取利息，但赚取的利息是以借出的代币为单位的。这意味着，如果锁定 DAI，就赚取 DAI 的利息；如果锁定以太币，就赚取以太币的利息。锁定的加密货币会被添加到 Compound 协议智能合约中的一个巨大代币池中，所有用户在 Compound 锁定的加密货币都在里面。

一旦用户把加密货币锁定在 Compound，就可以用它来借款。Compound 不需要信用检查，世界上任何地方的人只要有加密货币就有能力借款。Compound 根据资产的质量来决定用户被允许借多少钱。例如，如果用户抵押了价值 3 000 美元的以太币，并且 Compound 将以太币的借款限额（又称抵押品系数）设定为 60%，那么用户可以借到价值 1 800 美元的 Compound 协议支持的任何其他加密货币。而且，就像从银行借钱一样，用户需要为借的钱支付利息。

借方需要支付利息，贷方可以收取利息，两者都会涉及利率。下面将详细讲述利率是如何计算的，并如何由 Compound 协议自动实现。

2. Compound 的流动性池

无论用户是贷出还是借入，都必须首先在 Compound 锁定加密货币。然后，用户会得到 Compound 代币（cToken），它代表用户加密货币的余额，作为用户贷出的回报，前面提到的 cDAI 就是 DAI 的 cToken。cToken 是由以太坊创建的 ERC-20 代币，用户就像控制以太坊区块链上的任何数字资产一样，利用公钥和私钥控制这些 cToken。

前面提到通过存入 DAI 赚取利息的原理，而赚取的利息的比例就是利率。它是每个市场可用的加密货币数量（又称流动性）的函数，并根据供应和需求实时波动，以始终反映当前的市场状况。用户所看到的利率是以年利率的形式报价的，每次开采一个以太坊区块时都会累积。

当有大量的加密货币锁定在 Compound 中时，利率很低，因为流动性池有很多可以借的东西，当用户增加池子的流动性（即加密货币数量）时并不会获得很高的收益。如果池子很小，利率就会更高，用户将赚得更多。浮动的利率将激励用户贷款给小池子（以赚取更高的利息），然后从大池子借钱（以支付更少的利息），以此使每个池子都有足够的加密货币数量，即流动性，来用于借贷。

Compound 流动性池的市场供需情况可参见其官网（图 3-2）。

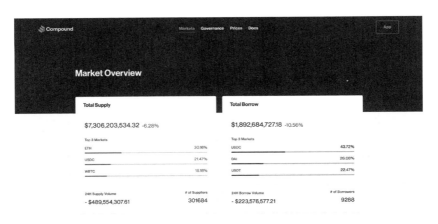

图 3-2　Compound 流动性池市场供需情况概览图

资料来源：https://compound.finance/markets

用户每次从 Compound 借钱，必须锁定比借的钱更有价值的加密货币作为抵押品，所以也实现了类似 Maker 的超额抵押机制。由于存入的加密货币作为抵押品也是不稳定的，它的价值可能下降，所以，当它接近用户所借的加密货币的价值时，cToken 智能合约就会自动平仓，这就是所谓的清算。在这种情况下，用户可以保留所借的东西，但会失去抵押品。

3. Compound 的治理代币 COMP

COMP 是 Compound 协议的治理代币，Compound 每天向协议的所有贷款人和借款人分配预定的金额。每当以太坊区块每 15 秒被挖出时，COMP 的分配就会发生，其数额与每项资产的应计利息成正比。COMP 代币持有者可以对协议的变化进行提议和投票，并监督协议的储备和财政。每个 COMP 代币代表一次投票权，这个投票权可以委托给另一方。Compound 治理提案是可执行的代码，需要经过三天的投票期。如果协议的治理变化被社区通过，它将在两天后生效，让任何人都有机会在变化生效前关闭任何未结头寸。通过这种方式，Compound 进化出一个完全自我管理的生态系统。目前，Compound 和它的原生 COMP 治理代币正在为快速扩张的 DeFi 生态系统提供最核心的借贷服务支持，成为 DeFi 生态中必不可少的一环。

三、其他无中介借贷项目

其他无中介借贷项目包括 Aave、Alchemix、Venus 等。

（1）Aave：一个去中心化的非托管流动性市场平台，用户可以作为存款人或借款人参与其中。其核心思想是"存款人向市场提供流动性以赚取被动收入，而借款人可以以过度抵押或抵押不足的方式借款"。

（2）Alchemix：一个基于 DeFi 贷款的平台，它使用一种新方法来提供"随着时间的推移偿还自己"的贷款。用户将 DAI 存入智能合约，作为交换，用户会收到一个代表存款未来收益耕作潜力的代币。用户在 Alchemix 平台上使用的代币称为 alUSD，该代币可以在 Alchemix 平台内转换为 DAI，并在给定的 DeFi 交易所用于交易。

（3）Venus：一个为去中心化稳定币创建的平台，该平台网站自称"启用了世界上第一个去中心化稳定币 VAI，建立在币安智能链上，由一篮子稳定币和加密资产支持，无须集中控制"。[1]

第五节　DeFi 项目：去中心化交易

去中心化交易主要是在去中心化交易所中完成的，去中心化交易所可以通过使用智能合约和链上交易来减少或消除对中介的需要。去中心化交易所主要有两种类型：基于订单簿的去中心化交易所和基于流动性池的去中心化交易所。

---

[1]　参考自 https://venus.io/。

一、基于订单簿的去中心化交易所：dYdX

1. dYdX 项目简介

基于订单簿的去中心化交易所类似于中心化交易所，用户可以设定限价或按照市场价提交买卖订单，并根据报价进行交易。但区别于中心化交易所，基于订单簿的去中心化交易所中所有交易资产都储存在用户自己的钱包中。

dYdX 是基于订单簿的去中心化交易所的典型代表，它支持永续合约交易、保证金交易、杠杆交易、现货交易等多种金融产品。简单来说，就是将链下交易的订单簿与链上结算层相结合，实现双向交易。dYdX 平台分为两个主要层，提供具有不同功能的 DeFi 产品。

平台第一层的现货和保证金交易允许用户在没有任何中介的情况下交易各种加密资产，而永久非托管交易在第二层系统上运行，具有更快的验证速度、较低的 Gas 费用和交易费用、较好的隐私保护性。

dYdX 底层使用的 StarkEx 产品采取"数据不上链 + 有效性证明"的方案 Validium。Validium 能够实现用户自主托管资金，即资金是托管的，但不是托管到中心化机构，而是托管到以太坊 Layer2 方案 StarkEx 中，称为去中心化自托管。其托管过程如下：用户将加密货币从钱包转出到 StarkEx，实际上是转到了一个智能合约上，在 StarkEx 合约接受资金后，就可以在二层（链下）使用。在 dYdX 上交易的本质是在链下使用资金，用户不需要再进行电子签名，这使得 dYdX 交易体验得到改进。

然而，当用户要把资金从合约中转出时，每一次转账都需要用户授权，发送一个请求到链下，然后该请求再被发送到链上。由于每一次转账环节都需要用户签名，所以用户资金相对安全。

同时，dYdX 支持交易者进行投资组合管理，以监控他们的交易，领取交易奖励，并根据他们的交易量获得费用折扣。对于任何一个交易平台，价格数据获取或价格预言是非常重要的部分，因为它直接影响用户的利益和体验。dYdX 使用 Chainlink 和 MakerDAO 预言机，通过其在以太坊区块链上运行的智能合约提供价格数据。

2. DYDX 代币

DYDX 是 dYdX 衍生平台的 ERC-20 治理代币，可以用于治理过程和费用折扣。DYDX 持有者可以参与平台的治理过程，他们决定提案是否被社区采纳，影响平台的未来发展方向。DYDX 对整个生态发展的贡献在于，它通过交易奖励和流动性质押奖励推动其网络的发展，以激励更多用户进行交易，以此提高流动性。但基于订单簿上的大多数去中心化交易所都存在流动性不足的问题，所以便有了基于流动性池的去中心化交易所。

二、基于流动性池的去中心化交易所：Uniswap

1. Uniswap 项目简介

Uniswap 是一个基于流动性池的去中心化交易所，作为 DeFi

的先驱，Uniswap 努力以其自动流动性协议彻底改变传统的去中心化交易所（图 3-3）。传统基于订单簿的去中心化交易所在用户挂起订单后可能需要很长时间才能完成交易，因此面临流动性的问题。而 Uniswap 本身具有的流动性池和自动做市商（Automated Market Makers，简称 AMM）机制很好地解决了这个问题。

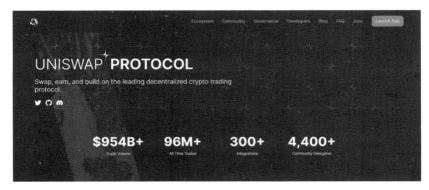

图 3-3　Uniswap 协议官网界面

资料来源：https://uniswap.org/

2. 流动性挖矿

Uniswap 最开始运转的时候需要用户创建一个流动性池，这个流动性池相当于一个准备金池。假设小明往这个池子里面添加了 10 个以太币和 3 000 个 DAI，那么此时以太币和 DAI 的兑换比例就是 1∶300。如果这时小红想要购买 5 个以太币，在不考虑手续费和 AMM 机制的情况下需要支付 1 500 个 DAI 来完成购买。当购买结束后，流动性池中的货币比例会发生变化，此时还有 5 个以太币和 4 500 个 DAI。

因为池子的加密货币数量在不断变化，所以需要有人持续地为池子注入流动性，即可以兑换的成对加密货币。任何人都可以往池子里面存入可以被兑换的两种代币，存入的代币比例由当前的价格决定。为了激励用户提供流动性，Uniswap 会向用户分配 LP 代币，LP 代币代表了提供流动性的比例，所以提供流动性的用户又叫作"流动性提供者"（Liquidity Provider，简称 LP）。然后，用户可以把 LP 代币抵押到 Uniswap，Uniswap 会根据这个比例向用户分配 UNI 代币，而 UNI 代币可以被用户拿到交易所卖掉，从而获取交易费中的利息；用户也可以将 UNI 代币当作整个生态的治理代币，获取投票权、表决权等。例如，假设一个英国人在美国乡村旅游，附近没有银行，只有一位大叔开的一家交易铺。大叔自己有一笔美元，也有一笔英镑，所以可以提供美元和英镑互相兑换的服务。但是，随着中国游客越来越多，有兑换需求的乡村商贩也越来越多，大叔没有足够多的英镑和人民币来保证流动性了，很有可能出现一个需要把大量美元换成人民币的客户，然后换走了所有的钱。为了解决这一问题，他打算号召大家来他这里存钱提供流动性，从交易手续费中拿出一部分作为利息。但利息太少了，无法形成有效激励，所以大叔就发行了一种虚拟的积分点。用户不但可以卖掉，领取手续费中一定比例的提成利息，还可以参与大叔的店铺发展的提案和表决投票。随着大叔的店铺名气越来越大，积分也越来越值钱，渐渐地，人们也不急着换手里的积分点了。这就是 Uniswap 流动性池的原理，这种提供流动性来换取收益的方式又叫作流动性挖矿。

3. 自动做市商机制

此外，Uniswap 协议还引入了自动做市商机制来确立价格，保证流动性池中的流动性始终存在。其基本原理是池中加密货币越少，购买时就需要支付兑换的溢价，池中加密货币越多，价格就越便宜，这样大家就有动力多换池中多的加密货币，少换池中少的加密货币。这样，少的货币就会变多，多的货币就会变少，这种机制将一直维持流动性池的流动性。自动做市商机制的基本算法就是在给定时间内，要维持可兑换的两种货币供应量的乘积一定。在前面的例子中，小明往池子里面添加了 10 个以太币和 3 000 个 DAI，整体的流动性就是 $10 \times 3\,000 = 30\,000$。当小红想从池子内换走 5 个以太币，为了使得整个池子内流动性恒为 30 000，小红按照原先支付 $1 : 300$ 的比例支付 1 500 个 DAI 是不够的。在换走后，池子内就剩下 $10 - 5 = 5$ 个以太币了，但池内需要保证有 $30\,000 / 5 = 6\,000$ 个 DAI，6 000 减去池中本来有的 3 000 个 DAI 就是最终支付的金额。最终需要支付 3 000 个 DAI，是原来支付价格的 2 倍，而多支付的 1 500 个 DAI 就是支付的溢价。当然，上述假设只是一个简单的模型，实际情况在考虑手续费等因素的情况下将更加复杂。这种结合流动性池和自动做市商机制的去中心化交易机制，让 Uniswap 迅速成为当今 DeFi 领域最受欢迎的去中心化交易项目之一。

三、其他去中心化交易项目

其他去中心化交易项目包括 Curve、Balancer、DDEX 等。

（1）Curve：一种自动做市商协议，旨在以低费用和高效的方式交换稳定币，可以看作一个去中心化的流动性聚合器，任何人都可以将他们的资产添加到几个不同的流动性池中并赚取费用。

（2）Balancer：建立在以太坊区块链上的去中心化交易平台，旨在通过允许任何人在无须信任、无须许可的环境中交易 Ether 和 ERC-20 资产，为中心化交易所提供一种开放的、可访问替代方案。

（3）DDEX：基于 Hydro 协议技术的去中心化交易所，可以提供实时订单匹配和安全的链上结算。

第六节　DeFi 项目：衍生品与合成资产

一、加密货币衍生品

衍生品指的是基于某个或某些标的物，通过合约约定达到某些条件时的权利和义务，来衍生出的新型金融产品。这里的标的物通常是某一资产的价格，可以是股票、债券、利率，等等，而在 Web3.0 世界，这个标的物自然也可以是加密货币。

最常见的衍生品有期货（Futures）、期权（Options）以及互换（Swaps）。在了解加密货币衍生品之前，先了解一个最基础的概念：远期（Forward）。

远期是最基本的衍生品模型，简单来说就是约定在某一未来时间点买入或卖出标的物的合约。选择在将来某一时刻买入标的物的买家，叫多头（long position），这一行为可以叫作"做多"；而选择在将来某一时刻卖出标的物的卖家，叫空头（short position），这一行为可以叫作"做空"。例如，假设小明和小红约定了在下周一以2元钱交易一个鸡蛋，小明是多头，小红是空头。如果下周一鸡蛋价格上涨到3元钱一个，小明因为按约定用2元钱买下了这个鸡蛋，并可以立刻从市场上卖出得到3元钱（假设无任何交易成本），小明就赚了1元钱。而小红本来可以用3元钱在市场上卖出这个鸡蛋，现在鸡蛋是卖了，但是才收到2元钱，就亏了1元钱。也就是说，标的物价格上涨的时候多头赚钱，标的物价格下跌的时候空头赚钱，以这种方式也就完成了一款金融产品的构建。

通常来说，远期的合约形式是非标准化的，对方也知道是谁在和自己交易。而在远期的基础上进行一系列升级，就形成了期货、期权、互换等衍生品。如果将标的物全部指定成加密货币，就有了各种加密货币期货、加密货币期权和加密货币互换。

1. 加密货币期货

期货可以看作是经过了标准化的远期，它对于标的物、交易方式等都进行了一系列标准化的设置。通常，人们也不一定知道交易的对手是谁，只是在一套保障机制的体系下完成交易。为了保证期货能在指定时间顺利交割，还引入了保证金机制。例如，在1∶1的保证金机制下，当你想在合约里约定卖出1个鸡蛋的时候，你必须得有1个鸡蛋，这个鸡蛋会被锁定在鸡蛋交易所当中。同样，当你准备以 2 元钱买入 1 个鸡蛋的时候，你必须真的有 2 元钱，并将钱锁定在鸡蛋交易所当中。

这听起来很合理对不对？但实际上，保证金可以不是 1 : 1 的，当你只有 1 个鸡蛋时，你可以把这 1 个鸡蛋抵押在交易所，然后找交易所借 3 个鸡蛋，并签署卖出 4 个鸡蛋的期货合约，相当于 25% 的保证金制度。等到期时，再拿到手的钱去市场上买 3 个鸡蛋还给交易所，将赚的钱塞进自己口袋，也就是用 1 倍的资产赚了 4 倍的收益，这就是我们常说的 4 倍杠杆。而对于买方，也可以用类似的方式完成加杠杆的操作。

然而，杠杆操作风险非常大。假设在刚刚的例子中，鸡蛋价格突然因为某个食品安全事件急速下跌，你持有的 4 个鸡蛋跌去了 25% 的价值，这时候借给你鸡蛋的交易所就会立刻收回原先借你的 3 个鸡蛋，并卖出你抵押的 1 个鸡蛋来还钱，作为鸡蛋价值减少的补偿，这也就是我们常说的强制"平仓"。但食品安全事件终究会过去，卖出还钱的鸡蛋却再也回不来了，就算最后鸡蛋的价格翻了 10 倍，你可以赚 40 倍的钱，但这份收益已然和你无关。

接下来，我们将上面案例中的"鸡蛋"换成加密货币，这就是加密货币期货的原理。在 DeFi 系统内，你可以做多和做空加密货币，也可以缴纳保证金并通过各类合约加杠杆。

DeFi 体系中还有一种全新的期货合约，在 Web3.0 领域十分流行，叫作永续合约，对应的加密货币协议就是永续协议（Perpetual Protocol）。在传统期货合约中，总是会存在一个具体的交割日期，但永续合约就移除了这个日期，使得用户可以永远持有和交易。这种协议的底层通常会使用一个叫 xDAI 的技术方案，可以大大降低整个交易所需要的手续费（Gas 费）。此外，将先前例子中的"鸡蛋交易所"，换成由智能合约控制的去中心化交易所，也就能顺利地完成加密货币期货的交易了。前面提到的 dYdX 就是一个在 Web3.0 领域非常著名的交易所。

2. 加密货币期权

期权是赋予购买者在指定时间买入或卖出某一资产的权利。既然是权利，购买者就可以选择到期执行或者不执行。当你能够赚钱的时候，你当然会选择执行，当协议执行会亏钱时，当然也就选择不执行，你所亏损的钱就只有购买这个期权本身支付的钱了。和期货类似，期权也存在买方和卖方，也叫多头和空头。然而，买卖的东西，既可以是买入的权利，也可以是卖出的权利，即看涨期权（call option）和看跌期权（put option）。以买入看涨期权为例，当你买入一份执行价格为 1 元钱的鸡蛋期权时（假设 1 份为 1 个鸡蛋），你就相当于获得了"用 1 元钱买入 1 个鸡蛋的权利"。未来不管鸡蛋涨到几块钱，你都可以用 1 元钱买入 1 个鸡蛋。但是当鸡蛋下跌到 0.5 元钱时，你也可以放弃不执行这个权利，就按市场价格去买鸡蛋。明白了这一点，下面我们用一个以太坊的实例去解释一下不同期权的收益区别。

假设一份期权合约锁定以太币的价格为 2 万元人民币，期权的合约售卖价格为 1 000 元。需要注意的是，期权的价格不会像这样各种情况都固定为一个数值，但这里我们就假设为固定的，方便读者理解。那么，如果以太币在到期日的价格涨到 3 万元，相比执行价多了 1 万元，将有以下四种收益情况。

- 小明买入（做多）一份看涨期权：看涨期权的买入权利被执行了，小明花 2 万元买下小红的以太币又立刻在市场上卖出，赚了 1 万元，扣除先开始买期权的 1 000 元成本，净赚 9 000 元。
- 小红卖出（做空）一份看涨期权：看涨期权的买入权利被执行了，小红把以太币用 2 万元卖给小明，但是她本来可以以 3 万元的价格在市场上卖的，亏了 1 万元，但是卖期权协议的时候小红收到了小明的 1 000 元，净亏 9 000 元。
- 小刚买入（做多）一份看跌期权：看跌期权的卖出权利不执行，因为可以以 3 万元的价格卖以太币，没必要以 2 万元的价格卖给小丽。期权没有发挥作用，所以亏了先开始买期权合约的 1 000 元。
- 小丽卖出（做空）一份看跌期权：看跌期权的卖出权利不执行，小丽还保有市场价 3 万元的以太币，但同时又收了小刚的 1 000 元购买期权，所以净赚 1 000 元。

如果到执行日时，以太币的价格是 1 万元，相比执行价少了 1 万元，则上述情况刚好相反。做多和做空说的是买入和卖出期权协议本身，而看涨和看跌说的是交易的期权协议里约定的是买入标的物的权利，还是卖出标的物的权利。

此外，在传统衍生品市场上有两种经典的期权模式：欧式期权和美式期权。欧式期权是指必须在指定的执行时间点才能执行期权，而美式期权是指可以在执行时间点之前的任何时间点选择执行期权。在 DeFi 体系中，这两种期权的代表协议分别是 OPYN 和 HEGIC。用户既可以在上面买入以太币的看涨／看跌期权，也可以在上面卖出以太币的看涨／看跌期权。

3. 加密货币互换

互换是交易双方在指定时间内约定互换标的物相关现金流的一种合约。简单来说，互换可以看作一系列远期合约订在了一起，形成了一个合约的时间簿。远期合约是基于单一时间点的互换，而互换是在一定时间段内，在每个时间点都签订的一系列远期合约的总和。BarnBridge 就是最经典的加密货币互换协议，它旗下主要有三个产品：SMART Yield、SMART Alpha 和 SMART Exposure。[①]

在 SMART Yield 中，有两个利率池：年轻池（Junior tranche）和年长池（Senior tranche）。年轻池的特点是高风险、高收益，提供可变的利率；年长池的特点是低风险、低收益，提供固定利率。不过，无论是存入年轻池还是年长池的钱，最终都将存入类似 Compound 这样的无中介借贷市场中赚取利率。当市场行情不好，投资利率低于年长池要求的固定利率时，年轻池会对年长池进行补贴，来保证年长池收益的稳定；而当市场行情很好时，年轻池将优先于年长池获得两个池子加在一起的超额收益。通过这样的方式，

---

① 参考自 https://barnbridge.com/。

互换了年长池和年轻池部分的现金流，让双方都可以根据自己的风险偏好获得自己想要的收益类型。更有趣的是，无论是年轻池还是年长池，存入的仓位都可以铸造成代币，形成债券一样的产品，进入二级市场进行交易。

SMART Alpha 在 SMART Yield 的基础上进一步升级了对风险的分配。在 SMART Yield 的例子中，年长池虽然从加密货币的角度拥有了固定的利率，但从法定货币角度却并不是固定的收益率。例如，假设以太币存入时 1 个价值 3 000 美元，小明存入了 1 个以太币。年长池承诺有 5% 的收益，等小明到期取出的时候，发现虽然到手确实是 1.05 个以太币，但是这时候 1 个以太币的价值只有 1 500 美元，小明还是会面临巨大的财产减值风险。SMART Alpha 允许年长池和年轻池的用户也互换这一部分风险相关的现金流。就刚刚的例子而言，当以太币价格下跌时，年轻池会将自己池内的资产补贴给年长池以保证年长池的美元价值稳定，而当以太币价格上涨时，在年长池保证先开始约定的美元价值后，多余的池内资产将由年轻池占有，以获取更高的收益。

SMART Exposure 则是可以互换两种不同加密货币之间的现金流。你可以设定一个固定的资产配置比例，比如 1 : 1，当一种加密货币上涨，一种加密货币下跌，比例不再是 1 : 1 的时候，可以自动平衡调整回 1 : 1 的比例。

以上就是所有常见的加密货币衍生品种类以及具有代表性的项目产品，更多加密货币衍生品的案例可以参见图 3-4。

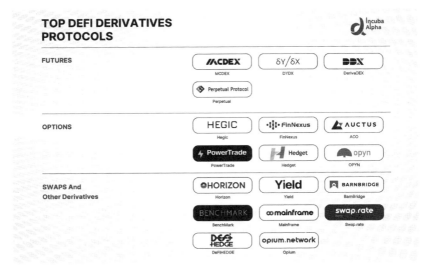

图 3-4 加密货币衍生品常见协议项目

资料来源：https://incuba-alpha.medium.com/derivatives-the-second-half-of-defi-ed3c20d4cf07

二、合成资产

合成资产是在区块链上构建与一种或一些标的物走势相关的衍生品。通常与标的物的走势是正相关的会被直接称为合成资产，负相关的被称为反合成资产。这里的标的物既可以是比特币、以太币这样的加密货币，也可以是黄金、白银、大宗商品或美元、欧元这样的法定货币，还可以是金融指数或者加密行业指数。合成资产可以允许用户在不实际持有这些实际资产的情况下对这些资产进行投资，这种方式主要带来了以下几种好处。

- 解决了跨链投资，或者跨加密世界 / 现实世界投资的问题，增加了资产的流动性。

- 降低了投资准入门槛，比如资质要求、资金要求等。

- 因为合成资产之间可以相互转化，投资者可以更方便地进行各种资产之间的转化操作，而不需要进行复杂的买入和卖出交易。

Synthetix 是合成资产领域的明星项目，它目前允许创建包括跟踪法定货币、加密货币、商品、加密指数在内的合成资产，并可以在 Kwenta、DHedge 或 Paraswap 等交易平台上进行交易。为了发行特定的合成资产，用户需要以 SNX 代币的形式提供抵押品，并且该协议要求超额抵押。例如，当抵押率为 600% 时，每 600 美元的 SNX 代币，都只能选择发行价值 100 美元的合成资产，这样做主要是为了避免资产的价格发生急剧的变化。

第七节　其他 DeFi 项目

一、DeFi 资产管理

资产管理原先主要是公募基金、信托、证券、银行和资产管理公司等机构的舞台，投资者将自己的资产托付给这些具有专业资质的机构，这些机构的投资人通过投资各种资本市场上的金融产品，为投资者带来资产的增值。传统的资产管理模式存在两大问题：一是客户需要对机构拥有足够信任才能将资产托付出去；二是对客户而言，资产的实际配置过程和投资逻辑的透明度有限，无法得知全部的细节。

DeFi 体系中的资产管理协议可以很好地解决这些问题，它基于以太坊等链上的智能合约，无法篡改，也无须许可，任何操作都是无须信任、透明的，所有人都可以根据自己的偏好进行参与。DeFi 中的资产管理项目大致也和传统行业一样，主要分为两类：主动资产管理和被动资产管理，分别适合不同风险偏好的投资者。主动资产管理是指每个基金的管理人都按照自己的策略进行交易，并把交易策略和业绩公开在平台上，投资者可以根据基金业绩和交易标的选择基金进行投资；被动资产管理通常和一些指数挂钩，更适合偏好风险低的投资者。此外，DeFi 中还有一些新兴的资产管理项目，本文只对两类主要的资产管理项目进行举例说明。

主动资产管理的一个例子是 Cook 协议。Cook 协议是一个跨链的去中心化的资产管理协议，除了部署在以太坊上，它还可以部署在币安智能链、火币生态链（Huobi ECO Chain，简称 HECO）等公链上。该协议主要面向两个群体：投资者和基金管理者。投资者可以将加密货币存入基金智能合约，然后会收到智能合约发来的一个凭证——ERC-20 代币 ckToken，这个凭证代表了投资者拥有的基金份额。然后，基金管理者就可以对智能合约中的资金进行部署，Cook 协议会提供多种投资工具，帮助基金管理者执行各种策略。但是，为了控制风险，智能合约中的资金只能配置到白名单中的 DeFi 平台，如 Uniswap、Compound 等，并且合约还会对分配到不同协议上的资金设置上限，以防产生较大的损失。同时，基金管理者不能随意修改智能合约的基础参数，只能在投资者的同意下进行修改。如果投资者决定退出，那么合约就会自动返回相应的资产，并且将 ckToken 销毁。和其他资产管理服务一样，投资者也需要支付一定的基金管理费用给基金管理者，这部分费用会由基金管理者自己决定。

Index Coop 是被动资产管理的一个典型代表，它是 Set Protocol 和 DeFi Pulse 合作推出的一个去中心化的指数投资社区，由活跃的 INDEX 代币持有者管理、维护和升级。社区中的每个用户都可以发布指数项目的提案，其他用户会用 INDEX 进行投票，如果投票通过就可以发行。通过发行一系列指数产品，Index Coop 使普通的投资者都可以接触到加密货币投资，而不必担心深奥的行业知识或高昂的 Gas 费用。目前，Index Coop 的主要产品有以下四类。

（1）DeFiPulse 指数（DeFiPulse Index，简称 DPI）：DPI 是 Index Coop 最出名的一个产品，它是一种市值加权指数，可以追踪 DeFi 代币在市场中的表现，就如美国股票的标准普尔 500 指数一样。

（2）CoinShares 黄金和加密资产指数（CoinShares Gold and Cryptoassets Index，简称 CGCI）：CGCI 是一种低波动率指数，它将具有高波动性的加密货币和具有低波动性的黄金相结合，从而为机构投资者提供对加密资产更有效的风险控制。

（3）弹性杠杆指数（Flexible Leverage Index，简称 FLI）：FLI 持币者可以对以太币拥有大约 2 倍杠杆的多头头寸，可以将这个指数简单看作具有 2 倍杠杆的以太币的合成资产。用户也可以在 Uniswap 上进行 FLI 代币的交易，并且和其他 ERC-20 代币一样享受标准的 Gas 费用。

（4）Metaverse 指数（Metaverse Index，简称 MVI）：MVI 是一种元宇宙指数代币，由 15 个 NFT、Web3.0 应用代币组成，反映的是整个元宇宙的市场趋势。用户可以在 TokenSet 或 Uniswap 上进行投资，值得强调的是，虽然 MVI 代币由多种代币组合而成，但购买 MVI 代币只需支付一次 Gas 费用，提高了成本效率。

二、DeFi 保险

保险同样是传统金融市场中一个重要的基石，最主要的运营形式是向投保人提供针对意外损失的经济补偿。在目前主流的金融市场中，保险有两种实现方式：股份制保险公司和相互保险组织。股份制保险公司采取的是确定保险费制，当对投保人完成赔付后，多余的保险费会计入公司的盈利，但如果有亏损，就需要股东提供资金，而投保人无须追补保险费。相互保险组织，是一些由"想对同种风险进行投保"的投保人共同组建的一种非营利的组织，每位投保人既为组织的经营提供资金，同时也是客户。相互保险组织采取的是不定额保险费制，如果保费有剩余，投保人可以分红或累积起来，但如果出现亏损，投保人就需要均摊或是用以前的盈余积累进行补偿。除此以外，近几年兴起的以水滴互助和相互宝为代表的网络互助，也是保险实现的一种方式。在这三种方式中，股份制保险公司是完全中心化的，而相互保险组织和网络互助则带有去中心化色彩。当这两种去中心化方式的团体契约，用智能合约进行替代时，就逐渐发展为 DeFi 保险。在 DeFi 中，链上信息不可篡改、公开透明的性质能避免保险行业里信息不对称带来的风险溢价，同时，智能合约的应用能提高效率，缩减经营开支，从而降低保险费率等。

目前，DeFi 保险仍处于发展的早期阶段，主要是针对区块链中加密资产的安全问题进行风险担保，例如私钥被盗、交易所被攻击，等等。DeFi 保险平台中比较受关注的是 Nexus Mutual 项目。

Nexus Mutual 是目前以太坊中承保金额最大的 DeFi 保险平台，它主要提供两种类型的保险：智能合约保险和中心化平台托管资产保险（图 3–5）。智能合约保险是指托管了用户资金的去中心化应用程序，可以针对智能合约的底层代码漏洞、黑客攻击等安全风险造成的损失进行投保。例如，目前去中心化交易所 UniSwap 和跨链交易平台 THORChain 等都已经在 Nexus Mutual 上投保，而中心化平台托管资产保险主要针对中心化交易平台资产被黑客盗取或提款暂停等风险造成的损失。Nexus Mutual 采取的机制类似于相互保险组织机制，由代币 NXM 持有人共同管理。社区中的用户如果想要参与投保，则先要通过平台的身份认证流程注册成为社区会员，并支付一定的以太币费用，然后就可以使用以太币、DAI 或 NXM 等加密货币购买保险；如果用户想要参与承保，也需要先认证成为会员，然后选择自己认为安全的应用并锁仓一定数量的 NXM。当其他投保用户购买了这个应用的保险时，参与承保的用户就可以获得一定收益，但如果出现索赔，用户就需要从资金池中拿出钱来赔付。

除此以外，Cover 协议也是一个较受关注的去中心化的保险项目。和上述 Nexus Mutual 的社区互助模式不同，Cover 协议主要采用的是点对点的模式，保费通过市场需求自行调节。

图 3-5　Nexus Mutual 官网界面

资料来源：https://nexusmutual.io/

目前，DeFi 保险行业还是局限于链内资产，但也有一些 DeFi 保险为链外风险事件提供了担保，如 Etherisc 提供了航班延误、飓风保护和农作物保护等方面的保险。但未来 DeFi 保险是否能真正走向链外，一是看各国政府在政策上是否支持使用央行数字货币和稳定币进行链外赔付；二是看技术上是否支持将链外风险的保险精算和保险定损通过预言机写入链内。

三、DeFi 流式支付

支付可以说是日常生活中再普遍不过的行为了，从早期使用纸币进行支付，到现在线上移动支付兴起，微信支付、支付宝支付和网上银行转账已经几乎能满足我们所有的支付需求，那支付是否还有进一步创新的可能呢？在这一点上，大家可以设想一个场景。有一天，你想要去报名一家英语培训班，培训班要求你先预付一定的费用。虽然你不一定信任这家培训班，但是为了上课，你还是先支付了一半的课程费。结果当你上完两节课后发现，这家培训班已经倒闭了，负责人也跑路了，支付的课程费相当于打了水漂……这样的事情并不是个例，而是在生活中时常可见的，尤其是在租房市场、教育培训市场、健身市场等。所以说，我们现在所用的支付方式，仅能在双方都遵守契约的情况下，在某一个特定时点完成支付交易，比如说每月固定时间发放工资，但我们并不能去解决上述提到的跑路等问题。

因此，有人就提出了一个设想，是否能够将预付款锁定在智能合约中，然后将钱以连续性的方式支付出去呢？这就有了"流式支付"的概念。流式支付是指通过压缩时间，使智能合约能在服务中的每秒持续进行付款，形成一个连续支付流的状态。通过流式支付，上述问题中的培训班也不必担心消费者上了培训课却不给钱，消费者也不用担心培训班跑路，因为只要消费者开始上课，钱就可以每时每刻支付给培训班。如果培训班跑路，消费者可以马上停止支付；同样，如果消费者上了 30 分钟或几节课后消失，培训班也能收到这30 分钟或几节课的劳务报酬。所以，流式支付通过解决支付双方的信任问题来避免预付费的弊端。

那流式支付是如何实现的呢？这就要提到 Sablier 项目。2019年，保罗·拉兹万·伯格（Paul Razvan Berg）创造的 Sablier 第一次通过以太坊智能合约实现了流式支付技术，这个技术建立在一个名叫 RICO 的机制上。RICO 机制可以看作是一种可撤销的代币融资机制，在分配阶段，投资者可以向 RICO 智能合约投入以太币，然后会收到融资承诺代币 LIA，当然，投资者也可以随时退回 LIA

并收回以太币。然后在分发阶段，每隔固定的时间，融得的以太币会流向融资方，此时，投资者也可以通过向智能合约退回 LIA 来实现退款，但是根据时间节点，只能收回部分以太币。保罗·拉兹万·伯格正是融入了这样的机制来实现流式支付的，并且还开发出一个 ERC-1620 代币标准，使用以太坊区块时间戳来测量时间。因此，在 Sablier 项目中，开发者建立了一个资金流智能合约，付款人可以在合约中存入资金并选择持续时间来创建支付流，收款人则可以根据自己的持续偿付能力从资金流中提取资金。同时，付款人

图 3-6　Sablier 实时支付

资料来源：https://sablier.finance/

和收款人都可以选择随时终止资金流，但如果资金流已结束但尚未被付款人和收款人终止，则收款人有权提取合约中剩余的所有余额。但 Sablier 有一点不方便的是，收款人无法直接在自己的钱包中看到别人支付的资金流，而是必须打开 Sablier 进行提现操作，才能将资金提到钱包余额中，否则这些资金会一直留在 Sablier 中。图 3-6 为 Sablier 的实时支付示意图。

　　上述例子告诉我们，通过 DeFi 流式支付，我们可以实现生活中的培训费、工资等节点性付款的实时支付，但流式支付的重要性还不止于此。流式支付还可以使空投的代币实时发送、实时归属、NFT 的持有者实时分红等。

第四章

Web3.0 的数字商品：NFT

NFT 箴言：始于艺术，存于社区，寄于月梢。

——**西腾·沙尔**（Hiten Shah）

第一节　NFT 的含义与特征

你能想象一幅数字艺术画作可以拍卖出 6 935 万美元的天价吗？美国数字艺术家 Beeple（原名 Mike Winkelmann，迈克·温克尔曼）的 NFT 作品《每一天：前 5 000 天》（*Everydays：The First 5 000 Days*）就卖出了这一惊人价格，这是迄今为止全球在世艺术家的第三高拍卖价（图 4-1）；你相信 Twitter 创始人的第一条推文 "just setting up my twttr" 价值近 300 万美元吗？你想买下自己最喜欢的 NBA 球星的最佳灌篮时刻的视频吗？不过这可能要支付 10 万美元。这些是不是听起来都很荒谬？但 "N" "F" "T" 这三个简单的字母就做到了这一切。本章将向读者详细介绍 Web3.0 世界里的数字商品——NFT。

图 4-1　NFT 作品《每一天：前 5 000 天》拍卖信息

资料来源：https://onlineonly.christies.com/s/beeple-first-5000-days/beeple-b-1981-1/112924

一、什么是 NFT

　　NFT 是非同质化代币的英文简称。非同质化意味着代币和代币之间是不一样的，无法用一个代币去替代另一个。就好比你想去超市买一双球鞋，当品牌一样、款式一样、尺码一样的全新球鞋摆在你面前时，你其实并不会在意究竟买的是哪一双球鞋。就算售货员帮你从仓库里拿出另一个同品牌、同款式、同尺码的球鞋包装好给你，你也并不会在意，因为这些球鞋都是同质化的，可以被替代或者交换。但设想一下，如果你穿着这双球鞋通过了体育考试，夺得了体育冠军，这双球鞋就有了特殊的意义，任何同品牌、同款式、同尺码的球鞋都无法代替它对你的价值，这时这双球鞋就是非同质化的，是世界上独一无二的。同理，当你在收到 1 个比特币时，你其实并不在意究竟收到的是哪一个比特币，反正只是分布式账本上的记录而已，但是对于 NFT，每一个记录都是独一无二、互相区别的。而这个特点很好地解决了数字形态的藏品可以被无限复制的问题，人们可以将文本、图片、音频、视频等各种各样的多媒体文件通过一系列操作进行"上链"，形成独一无二的 NFT，这个过程叫作铸造（Mint）。当然，与制作 NFT 相对应的是，出于增加 NFT 价值或转移 NFT 的目的，用户也可以选择删除 NFT，这一过程叫作销毁（Burn）。

二、NFT 的特征

1. 不能以货币形态交易

区别于其他加密货币，NFT 是不可以以加密货币的形式进行交易的。因为 NFT 具有非同质化的特点，很难说一种货币相较于一种 NFT 的汇率是多少，因为这些 NFT 都是独一无二的。我们在有些交易所中看到的名叫 NFT 的代币其实并不是真正意义上的 NFT，可能是一些 NFT 相关项目所发行的代币。通常，NFT 是作为商品的形式来进行交易的，用户可以用各类代币去购买附着了艺术品、游戏或其他形式的知识产权的 NFT。

2. 难以分割且流动性差

无论是比特币、以太币还是其他代币，都能够被划分成更小的单位以增加流通性。例如，我们可以选择支付 0.1 个比特币，0.001 个比特币，或者是 0.000 01 个比特币。但是每一个 NFT 对应的都是一个完整的作品，无法被分割成更小的单位，只能选择全部购买。因此，相对于其他代币，NFT 的流动性更差，很难在较短时间内出售，而是需要像商品一样放在橱窗里展览，等待感兴趣的客户光临。虽然为了提高流动性，Niftex、Unicly、NFTX 等项目通过发行碎片、共享代币、建立投票赎回机制等方式让 NFT 得以分割流通，但是本质上底层的 NFT 还是一个整体。

3. 可验真性

对于艺术品、收藏品、知识产权等非同质化的商品来说，可验真性一直是一大难题。设想一下，如果有一位天才艺术家能够复刻出一份高度仿真的《蒙娜丽莎》，该如何检验画作的真实性呢？聘请鉴定专家、使用各种仪器、翻阅各类历史材料进行比对，都需要花费大量的成本和精力。而在互联网上的数字作品更是这样，复制、粘贴即可创造一份仿真品，那么如何证明你手上的那一份作品是最初创造出来的真品而不是副本呢？NFT 利用智能合约和区块链上存储的信息，可以方便地追溯到 NFT 的创作和转移记录。历史上每一笔交易的时间、价格、买家都可以被方便地追踪，同时，我们还能检查契约地址以确定 NFT 的真实性。这些机制都确保了 NFT 的可验真性，赋予了 NFT 在 Web3.0 世界里作为商品被买卖的能力。

第二节 NFT 的生态和发展趋势

一、NFT 生态的形成

当今繁荣的 NFT 生态起源于 2012—2013 年在比特币区块链上发行的"彩色硬币"实验项目，该项目粗略地描述了用比特币公链去映射和管理现实世界资产的想法。在最初版的设计中，发行人需要将兑现一定现实资产的承诺附加在区块链上的加密货币中。但由于比特币网络本身的限制，这一项目并没有获得持续的发展。

2014 年，苏富比拍卖了与 NFT 相关联的艺术品《量子》（*Quantum*），该作品通常被认为是历史上诞生的第一个真正意义上的 NFT（图 4-2）。艺术家凯文·麦考伊（Kevin McCoy）将一段有着闪烁变化的八边形像素图像视频，制作成了 NFT。这一创作要远远早于加密艺术市场真正繁荣的时间。同年，Counterparty 项目的成立又强化了将各类资产与加密货币绑定的想法。这些都为后来 NFT 市场的形成埋下了伏笔。

此后，伴随着引入了智能合约的以太坊网络的正式启动，NFT才真正有了进一步生根发芽的土壤，并涌现出了音频、GIF、游戏卡牌等各种形式的 NFT。2017 年，以太坊正式发布 ERC-721 标准，让区块链能够识别非同质化代币，同时促进追踪、交易和管理绑定资产的交易等。协议中还首次提出用"NFT"这个词去表示非同质化代币。2017 年年底，第一个 NFT 的去中心化交易市场 OpenSea 诞生，大大提升了 NFT 的流动性。2018 年之后，各种形式的 NFT 纷纷涌现，不断将 NFT 的热度推向高潮，NFT 的生态也变成了如今的模样。

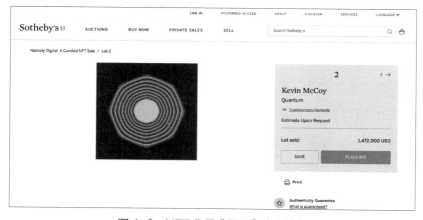

图 4-2　NFT 作品《量子》拍卖信息

资料来源：https://www.sothebys.com/en/buy/auction/2021/natively-digital-a-curated-nft-sale-2/quantum

二、NFT 生态的版图

NFT 独特的技术特性使得它延伸出了非常丰富多彩的应用项目，并依托于 OpenSea 这样大型综合性的 NFT 交易平台实现聚合。OpenSea 是目前最大的 NFT 交易市场，交易的类别可以涵盖 NFT 艺术品、NFT 游戏装备、NFT 域名等多种不同的品类（图 4-3）。每个用户都可以在上面查看到各种 NFT 的详细数据，也可以选择在上面铸造和交易 NFT。OpenSea 创造的懒人铸造机制（Lazy Minting）为每个想要铸造 NFT 的用户提供了极大的便利，用户可以通过这种机制将 NFT 免费制作出来，并仅在第一次上链和发生交易时支付 Gas 费用。而针对销售的 NFT，OpenSea 只抽取 2.5% 的手续费。这样便利、低费用的交易平台，很快就成为 NFT 领域最重要的基础设施。

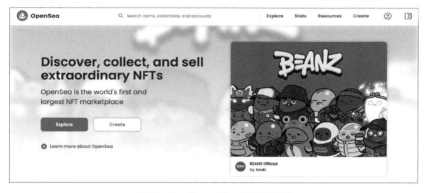

图 4-3　OpenSea 官网界面

资料来源：https://opensea.io/

而就整个 NFT 生态来说，目前市场上暂未形成统一而具有共实性的分类。本书结合 OpenSea 上对于 NFT 类别的划分以及其他相关资料，将从 NFT 艺术、GameFi、NFT 身份标识以及其他 NFT 应用四个部分去讲解整个 NFT 生态。

1. NFT 艺术

NFT 诞生于艺术，也因艺术而走向繁荣。在传统交易环境下，对于代码生成艺术、GIF 艺术等许多新兴的数字艺术形式，NFT 解决了因所有权的难以确认和保护而不具备交易和收藏价值的问题。

2. GameFi

游戏是很多人在互联网世界中的重要活动空间。NFT 为游戏内资产的确权、经济系统和商品流通机制与现实世界打通提供了技术基础，GameFi 也因此而诞生。

3. NFT 身份标识

NFT 具有不可替代的特点，因此延伸出了身份标识的应用。人们可以将各类身份信息写入一个 NFT，并通过 NFT 的验真方法进行验真，可以优化许多现实中复杂的身份验真流程。

4. 其他 NFT 应用

除了上述三大领域外，NFT 还有很多其他应用项目，包括 Real NFT、NFT 域名，以及类似于 OpenSea 的 NFT 领域基础设施。

三、NFT 生态的未来

在互联网刚刚诞生之初的 1992 年，哈佛大学研究员约翰·佩里·巴洛曾提出这样一个问题："如果我们拥有的东西能被无限地复制，并能瞬间免费分发到世界各地，我们又该如何保护我们的所有物呢？"如今，NFT 给出了这个问题的答案。

NFT 赋予了人们在互联网世界处理原生数字资产和数字化实物

资产的方式。

一方面，图像、文字、视频、音乐等在传统互联网中无法被保护好的原生数字资产完成了所有权的确认，也能作为商品被安全交易，人们对于其"价值的共识"会真正兑现在这些商品的价格上。当这些数字资产的所有权在商品流转的过程中发生变更时，NFT 仍能追踪到最初始的创作者并给予他版税奖励（即销售抽成）。创作者因为作品的价值而获得了应有的激励，更好的作品自然会不断涌现，一个全新的数字原生作品创作生态将会形成。

另一方面，实物资产可以被更加轻松、安全地完成数字化。无论是实实在在销售的现实商品，还是许可证等产权类的证明，都能形成互联网世界的数字映射。虚拟世界和现实世界商品的自由流转，人类在现实社会和"元宇宙"社会的自由切换，都将成为可能。

我们或许无法预知 NFT 生态的未来究竟会诞生哪些现象级的应用，但是，NFT 生态未来的发展一定是延续着"确权与激励"和"实物商品或产权的数字化"展开的。

在 Web3.0 的未来，我们可以畅想到的 NFT 生态的发展趋势主要有以下三个方面。

1. NFT 资产和场景的多样化

随着时代的发展，新的 NFT 资产形式会不断出现，同时 NFT 应用的场景也会不断拓展。例如，最初的 NFT 主要还是以艺术品的形式为主，但后来延伸出了 GameFi、NFT 身份证明、NFT 域名等多种形式的资产和应用场景。

2."投入 - 激励"模式的涌现

基于 NFT 版税和交易分成的基本属性，当前在 GameFi 领域延伸出了"通过玩游戏来赚钱"（Play to Earn）的激励模式，用户可以投入时间去玩游戏来获取收益激励。而在未来，许多新兴模式做了一些基于 GameFi 的尝试，例如，"通过学习来赚钱"（Learn to Earn）将游戏替换成了特定的学习活动，让用户可以通过学习的形式获取收益；"通过环保来赚钱"（Preserve to Earn）将游戏内一部分手续费用于保护自然资源，让用户可以在环保的同时获取收益。

3. 成为虚拟现实世界连接的重要通道

随着元宇宙的不断发展，NFT 将作为连接现实资产和虚拟资产的重要通道，在底层为元宇宙世界的平稳运行提供基础设施。

第三节　NFT 的风险与监管

虽然 NFT 为 Web3.0 世界带来了诸多可能，但作为一种新兴事物，它本身存在的风险和当前面临的监管仍不能忽视。

一、NFT 的风险

1. 存储风险

　　要理解 NFT 的存储风险，首先要了解 NFT 的存储方式。以艺术品为例，数字艺术品挂载在 NFT 上的方式有如下三种。

　　（1）艺术品和 NFT 代币位于同一区块链上，这是 NFT 最安全的存储机制，即"链在，艺术品就在"。

　　（2）艺术品与 NFT 代币存储在两条不同的区块链上，或存储在去中心化存储机制上，如星际文件系统（Inter Planetary File System，简称 IPFS）、Arueave 等通过某种存储关系映射将两者联系起来。这样一来，如果挂载艺术品的区块链消失了，就会存在所属的存储关系还在，但是艺术品不见了的风险。

　　（3）NFT 代币位于区块链上，而艺术品不存储在任何区块链或去中心化存储上，而是由发行代币的公司或团体存储，可以理解为艺术品存储在云服务器上，如阿里云、腾讯云或私有云等。这时，你所拥有的 NFT 的风险将非常高，如果存放艺术品的服务器不运营了，或者链接指向的地址被掉包了，你的 NFT 将没有任何价值。区块链游戏《加密猫》和《幻想生物》（*Axie Infinity*）都是这样的存储方式。

2. 伪造欺诈风险

　　虽然 NFT 具有追溯创作者和验真的能力，但并不意味着它就完全不存在伪造欺诈的可能，如果贪图省事，未按照作品地址和交易追溯记录进行仔细确认，依然存在被粗制滥造的伪造版欺骗的可能。以 NBA 球星斯蒂芬·库里（Stephen Curry）花 18 万美元（55个以太币，约 116 万人民币）购买的无聊猿 NFT 头像为例，伪造者可以对该 NFT 绑定的头像进行截图，很容易就能得到一个 png 格式的图片来对原始 NFT 进行伪造。

伪造的方式有如下几种。

（1）将图片直接上传到原先的区块链上，试图让用户混淆。

（2）将图片挂载到不同的区块链上，制作成 NFT 来欺骗用户。

（3）像公众号软文洗稿、视频拼凑加工二次发布、歌曲用相似的拍子一样，通过给图像加一个边框或者其他点缀，制作成一个看起来相似的 NFT（图 4-4），欺骗用户让其误以为是同系列作品，具有相同的价值。

图 4-4　原创 NFT（左）与伪造 NFT（右）

资料来源：https://opensea.io/assets/0xbc4ca0eda7647a8ab7c2061c2e118a18a936f13d/7990

当你选择购买上面这些类型的 NFT 时，你获得的只是一个副本或者修改后的副本，除了欣赏这个复制作品本身的图像之外，你无法获得其他用途，无法获得这个凝聚在原始 NFT 中的 IP 形象，以及背后蕴藏的用户共识。

此外，另一种诈骗形式则是伪造或盗用网站进行虚假宣传。通过采用和原始 NFT 一样的出售界面布局去销售假冒的 NFT，在社交媒体上假装知名艺术家发售 NFT，以及劫持艺术家个人网站链接宣传虚假 NFT 的欺诈事件屡见不鲜。根据英国广播公司（British Broadcasting Corporation，简称 BBC）的报道，2021 年 8 月，一名黑客在知名涂鸦艺术家班克斯（Banksy）的官方网站上发布假冒的 NFT 广告，虚构原本并不存在的 NFT 拍卖链接，并诱骗一名英国收藏家以 24.4 万英镑购买该 NFT。[①]

3. 价值评估风险

同质化代币的市场价格容易评估，但非标的 NFT 在价值评估上非常困难。NFT 的价格取决于买家的支付能力、所有者的创造力、NFT 本身的独特性及稀缺性等多种因素，通常都采用拍卖的形式进行价格发现，因而波动的范围十分巨大。同时，因为 NFT 只能像商品那样进行交易，其价值的兑现完全取决于是否存在愿意购买的买家，如果不存在任何买家，NFT 本身也就不具备任何交易价值了。

---

① 参考自 https://www.bbc.com/news/technology-58399338。

4. 其他风险

因为 NFT 仍然是代币的一种，所以它也具有代币所具有的潜在的环境危害、炒作风险、合规风险等问题。例如，大多数 NFT 所在公链依赖的工作量证明机制需要消耗大量算力，而这些算力的背后是各类能源的支撑，在这些能源消耗的过程中许多温室气体的排放等现象对环境造生了潜在的威胁。许多环保人士将 NFT 称为 "ecological nightmare pyramid scheme"（生态噩梦金字塔计划），以 "太空猫"（Space Cat）系列 NFT 为例，根据网站 cryptoart.wtf 的数据，太空猫的碳足迹相当于欧盟居民两个月的用电量。数字艺术家阿克顿（Akten）分析了 18 000 个 NFT，发现平均 NFT 的碳足迹略低于太空猫，但仍相当于居住在欧盟的人一个多月的用电量。[①] 为了解决这一问题，目前倡导的一种方向是，当有人使用以太坊制造、购买或出售 NFT 时，他们要对这些矿工产生的部分排放负责。此外，因为 NFT 价格波动大，市场玩家鱼龙混杂，炒作与泡沫四处可见，各国的监管层均对 NFT 的交易市场持有谨慎态度。

二、NFT 的监管

1. 中国法律框架下的 NFT

虽然国内尚未针对 NFT 制定法律政策，但已有的法律法规提供了一些参考依据。

---

① 参考自 https://www.theverge.com/2021/3/15/22328203/nft-cryptoart-ethereum-blockchain-climate-change。

根据《中华人民共和国民法典》第一编总则第五章民事权利第一百二十七条："法律对数据、网络虚拟财产的保护有规定的，依照其规定。"《民法典》明确了数据、网络虚拟财产被纳入民事财产权利的保护客体范围。

那么，NFT 产品能否被判定为虚拟财产？

NFT 本身作为一种数字证书存在，当它与特定的数字资产结合，就具有了财产属性。但能否构成虚拟财产，还要看 NFT 产品的底层资产是否具有财产属性。

2. 中国对于 NFT 交易的监管

虽然目前国内没有明确的法律法规禁止 NFT 进行交易，但国家打击虚拟货币交易依然是长期导向。未来监管机构是否会进一步收紧，将 NFT 也纳入到虚拟货币或者相关衍生品的范畴内，目前还不得而知。

2021 年 9 月 24 日，中国人民银行在官网公布了由最高人民检察院、工业和信息化部、公安部、国家市场监督管理总局、中国银行保险监督委员会、中国证券管理委员会、国家外汇管理局印发的《关于进一步防范和处置虚拟货币交易炒作风险的通知》，明确了虚拟货币的性质以及交易的违法性。其中有两项是这么写的：

"虚拟货币相关业务活动属于非法金融活动。开展法定货币与虚拟货币兑换业务、虚拟货币之间的兑换业务、作为中央对手方买卖虚拟货币、为虚拟货币交易提供信息中介和定价服务、代币发行融资以及虚拟货币衍生品交易等虚拟货币相关业务活动涉嫌非法发售代币票券、擅自公开发行证券、非法经营期货业务、非法集资等非法金融活动，一律严格禁止，坚决依法取缔。对于开展相关非法金融活动构成犯罪的，依法追究刑事责任。"

"参与虚拟货币投资交易活动存在法律风险。任何法人、非法人组织和自然人投资虚拟货币及相关衍生品，违背公序良俗的，相关民事法律行为无效，由此引发的损失由其自行承担；涉嫌破坏金融秩序、危害金融安全的，由相关部门依法查处。"①

虽然业内对于 NFT 究竟属于虚拟财产还是虚拟货币仍存在较大的争议，但可以确定的是，一旦 NFT 被认定为虚拟货币，其涉及的交易均具有合规风险。在此背景下，无论是腾讯的幻核还是阿里巴巴的蚂蚁链，都去掉了"NFT"的字眼，改为了"数字藏品"。

即便发行的 NFT 仅具有藏品属性，市场的狂热氛围很可能扭曲发行者的初衷，依然可能产生法务风险。比如，阿里巴巴和敦煌美术学院此前联合发布了两款基于阿里巴巴蚂蚁链的 NFT 产品，分别是敦煌飞天和九色鹿皮，作为支付宝支付码皮肤，全球限量 1.6 万件。敦煌飞天和九色鹿皮虽然具有独特的 NFT 编码属性，但因为并非部署在公链而是在联盟链之上，仅能作为一般的数字收藏品进行收藏。后来经过炒作，这款原价仅 9.9 元的 NFT 产品在二手交易平台上的价格达到了百万元，可见泡沫之大。随后，平台方立即下架了所有 NFT 产品，并明确表示发售的 NFT 产品不是虚拟货币。可见，平台方设计 NFT 产品时需要时刻关注 NFT 交易的合规风险。

---

① 有关"通知"内容参考自 http://www.pbc.gov.cn/goutongjiaoliu/113456/113469/4348521/index.html。

目前看来，NFT 交易平台可能涉及的合规风险包括：

- 根据中国人民银行、中国证券监督管理委员会等部门出台的《关于防范代币发行融资风险的公告》，虚拟货币不能够用作产品与服务定价。[①] 与国外不同，国内 NFT 交易平台禁止以虚拟货币来进行定价与交易。
- NFT 有可能存在被别有用心之徒变相金融化、证券化的风险。
- 区块链监管要求：中国境内不能连接到以太坊主网，因此需要自己在境内自主开发区块链生态供 NFT 交易。
- 平台需要办理电信服务相关资质：包括 ICP 证、EDI 证等。
- 细分行业领域具有特殊监管要求：比如网络文化经营资质、艺术品经营备案、出版物经营许可等。
- NFT 的底层资产的知识产权问题。

此外，底层资产本身的合法合规性也很重要。比如，如果 NFT 内容中含有色情元素、违法言论等，则依然存在合规风险。

3. 中国对于 NFT 投资的监管

从投资的角度看，NFT 仅能作为"数字藏品"进行收藏性投资。如果对 NFT 进行二次交易或多次交易，可能会引发炒作，进而产生相应的金融安全与合规问题。金融科技领域专业律师肖飒在接受 21

---

① 参考自 https://www.pbc.gov.cn/goutongjiaoliu/113456/113469/3374222/index.html。

世纪经济报道网采访时表示："不要轻易尝试 NFT 的二级市场以及对其反复炒作，也不能够欺瞒消费者或诱使消费者购买，这些都容易触犯法律，构成违法犯罪。对于 NFT 的网络拍卖，作为普通的参与者，首先应该了解网络拍卖的相关规则、程序和条例，以及与拍卖相关的法律，这样才能更好地参与其中。"

除了合规层面的风险，NFT 作为标的本身也具有很高的投资风险。在《中国基金报》2021 年的一封报道中，通联数据资深行业研究专家汪敏表示："与国际市场上开放的 NFT 二级市场交易不同，国内 NFT 的整体商业化程度较低，目前缺乏成熟的估值体系，在防范炒作风险的主旋律下，NFT 投资者应注意行业监管、行业泡沫、发展不及预期等风险。"[1]

4. 中国对于 NFT 融资的打击

从融资角度看，我国禁止任何通过代币进行融资的行为。

通过代币的违规发售、流通，向投资者筹集比特币、以太币等所谓"虚拟货币"，本质上是一种未经批准、非法公开融资的行为。NFT 交易的主体需要特别注意，不得将 NFT 作为变向非法融资的方式。根据《关于防范代币发行融资风险的公告》，各金融机构和非银行支付机构不得开展与代币发行融资交易相关的业务。

同时，根据中国银行保险监督管理委员会、国家互联网信息办公室、公安部、中国人民银行、国家市场监督管理总局等部门发布

---

[1]　参考自 https://stock.jrj.com.cn/2021/11/09085333826035.shtml。

的《关于防范以"虚拟货币""区块链"名义进行非法集资的风险提示》，需要警惕热点炒作行为，包括编造名目繁多的"高大上"理论、利用名人大 V"站台"宣传、以空投"糖果"等为诱惑、宣称"投资周期短、收益高、风险低"等；警惕吸引公众投入资金，并利诱投资人发展人员加入，不断扩充资金池，具有非法集资、传销、诈骗等违法行为。[①]

2022 年 2 月 24 日，最高人民法院发布《关于修改〈最高人民法院关于审理非法集资刑事案件具体应用法律若干问题的解释〉的决定》，将第二条第八项修改为："以网络借贷、投资入股、虚拟币交易等方式非法吸收资金的"。[②] 增加网络借贷、虚拟币交易、融资租赁等新型非法吸收资金的行为方式。

一方面，利用 NFT 作品开展相关融资的主体，应严格注意其融资行为的定性。另一方面，投资人也应当关注标的公司的 NFT 是否涉嫌非法集资。根据国务院发布的《防范与处置非法集资条例》中的第 25 条规定，"任何单位和个人不得从非法集资中获取经济利益；因参与非法集资受到的损失，由集资参与人自行承担。"[③]

5. NFT 监管的未来

目前对于 NFT 的监管，无论是国内还是国外都具有很大的改

---

① 参考自 http://www.pbc.gov.cn/rmyh/105208/3609899/index.html。

② 参考自 https://www.court.gov.cn/zixun-xiangqing-346901.html。

③ 参考自 http://www.gov.cn/zhengce/2021-02/18/content_5587547.htm。

善空间。

国外方面，美国及全球监管机构没有太多关于 NFT 的官方指导。针对不同的 NFT 可能采用不同的监管形式，例如，有一些 NFT 可能被视为"证券"，受美国证券交易监督委员会的监管；有些可能被视为"商品"，受美国期货交易委员会监管。《商品交易法》也可能涵盖某些 NFT，该法在"商品"一词的定义中新增了一些加密货币。①

虽然美国财政部的金融情报部门和反洗钱监管机构金融犯罪执法网络没有直接对 NFT 进行制裁约束，但 NFT 有可能被《银行保密法》涵盖。金融犯罪执法网络发布了关于《银行保密法》如何适用于加密货币的广泛指南，该指南可能适用于 NFT。

国内方面，我国证券法并不承认非法定等额分份的东西是证券，对 NFT 这类虚拟产品的定性就是特定的虚拟商品，并没有证券定义。因此有理由认为，未来针对 NFT 的监管机构也不会是证券交易监督委员会等证券类机构。

对此，肖飒律师在接受 21 世纪经济报道网的采访中曾提出一种构想："未来对于 NFT 的监管，可能是多头监管，而不是单一机构监管。比如在反洗钱方面由金融监管机构进行监管；在数字代币领域由网安部门或者是网信部门监管；对于涉及 NFT 其他属性如金融外汇属性，则可能由外汇管理相关监管单位进行监管"。②

2022 年 4 月 13 日，中国互联网金融协会、中国银行业协会、

---

① 参考自 https://www.trmlabs.com/post/the-nft-regulatory-landscape。
② 参考自 https://www.21jingji.com/2021/9-3/5MMDEzODBfMTYyNjk5Mw.html。

中国证券业协会联合发布的《关于防范 NFT 相关金融风险的倡议》也体现了这种多头监管的趋势。该倡议中指出："要规范应用区块链技术，发挥 NFT 在推动产业数字化、数字产业化方面的正面作用。"同时也列举了推动 NFT 合规化的六项指导。

- 不在 NFT 底层商品中包含证券、保险、信贷、贵金属等金融资产，变相发行交易金融产品。
- 不通过分割所有权或者批量创设等方式削弱 NFT 非同质化特征，变相开展代币发行融资 (ICO)。
- 不为 NFT 交易提供集中交易 (集中竞价、电子撮合、匿名交易、做市商等)、持续挂牌交易、标准化合约交易等服务，变相违规设立交易场所。
- 不以比特币、以太币、泰达币等虚拟货币作为 NFT 发行交易的计价和结算工具。
- 对发行、售卖、购买主体进行实名认证，妥善保存客户身份资料和发行交易记录，积极配合反洗钱工作。
- 不直接或间接投资 NFT，不为投资 NFT 提供融资支持。

虽然对于 NFT 的监管还有很长一段路要走，但可以预知的是，随着数字经济的发展和完善，国内针对 NFT 制定的监管体系必将日趋完备。

第四节　NFT 项目：NFT 艺术

　　2021 年 3 月 4 日，在纽约布鲁克林，著名英国画家班克斯的作品《蠢货们》（*Morons*）在静静地燃烧着。其持有者 Injective Protocol 公司花费 9.5 万美元买下，烧毁并进行了全程视频直播（图 4-5）。在这幅著名画作化为灰烬前，该公司使用区块链技术将其制成了 NFT 作品，直播过后，该 NFT 艺术品在 SuperFarm 以 38 万美元的价格售出。原画作描绘的是一场拍卖会，展拍的作品上写着"我不敢相信你这个白痴居然买了这么个东西"。

图 4-5　《蠢货们》燃烧直播画面

资料来源：https://www.bbc.com/news/technology-56335948

　　这次事件受到了褒贬不一的评论，有人认为这是哗众取宠，单纯的炒作；有人认为这是艺术形式在新时代的一次标志性创新。随着加密技术在艺术领域的发展，越来越多的逐利者、个人玩家、明星、企业参与到了这场新兴潮流之中。例如，周杰伦、陈小春、胡彦斌等人都以各种形式发行了自己制作的 NFT 作品；阿里巴巴、腾讯、网易也纷纷切入了 NFT 领域进行布局。那么，NFT 艺术品到底有什么独特的吸引力？这仅仅是一场击鼓传花的游戏，还是创作者生态的一次变革呢？接下起，我们一起来了解一下 NFT 艺术背后的价值逻辑。

一、NFT 艺术品分类

在传统观念中，我们可能会将艺术与油画、雕塑等实物联系起来，NFT 的出现使得更多样的艺术形式成为可能。下面列举一些常见的 NFT 艺术品类别。

1. 静态艺术品类

这一类艺术品是目前市场上最常见的作品形式，包括了对传统绘画、雕塑等艺术形式进行复刻的 NFT 作品，以及数字艺术家创作的静态的数字艺术品，如像素图片、3D 模型、数字绘画等。比如前文提到的《每一天：前 5 000 天》就是典型的数字绘画艺术。

2. 摄影类

许多摄影师也开始将自己的作品制作成 NFT 进行出售，这帮助摄影师解决了长久以来的作品难以确权的行业痛点。有趣的是，一些令人意想不到的生活照片也可能会在 NFT 市场上引发别样的关注。例如，印尼小哥古扎利·古扎洛（Ghozali Ghozalo）在 18 岁到 23 岁期间每天坚持自拍一张照片，并上传到 OpenSea 网站上制作成 NFT，获得了广泛的关注，一炮走红。

3. 生成类

这一类作品是由创作者编写脚本系统运行代码生成的作品。脚本存储在链上并且无法更改。收藏家购买的时候，该脚本会执行并随机生成一个全新的作品，铸造成独特的 NFT。创作者需提前设置脚本可运行的次数，即为该 NFT 项目的最大数量。有趣的是，收藏家或者创作者都不会提前知道最终生成作品的样子，但是同一个脚本生成的作品往往有类似的风格和元素。比如 Art Blocks 平台上的"Tentura"系列就是这样的作品（图 4-6）。

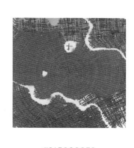
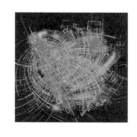

#265000057　　　#265000058　　　#265000059

图 4-6　Art Blocks "Tentura" 系列作品

资料来源：https://www.artblocks.io/project/265

138

4. 视频类

短视频 NFT 作品在市场上也占了不小的比例，比如从 NBA 比赛长视频中截取了精选镜头的 "NBA Top Shop" 系列。除了这种截取自长视频的片段，也有不少视频是艺术家自己创作的。例如，非常著名的视频 NFT《十字路口》（*Crossroad*）也是出自《每一天：前 5 000 天》的作者 Beeple 之手，这一段 10 秒的短视频也一度拍出了 660 万美元的高价（图 4-7）。

图 4-7 《十字路口》视频截图

资料来源：https://niftygateway.com/marketplace/item/0x12f28e2106ce8fd8464885b80ea865e98b465149/100010001

5. GIF 类

和视频、图片一样，GIF 也可以做成 NFT 艺术品，如 NFT 的始祖之一《彩虹猫》（*Nyan Cat*）就是这类作品，它因为可爱的 2D 像素风格和从头到尾都是 "喵喵喵"（Nyan）的魔性背景音乐而闻名（图 4-8）。

图 4-8 《彩虹猫》GIF 截图

资料来源：https://www.nyan.cat/

6. 音乐类

已经有数字唱片作为基础的音乐圈对于制作发行 NFT 作品有着天然的优势。许多歌手和平台都加入了这场潮流，发布了 NFT 唱片进行售卖，如 QQ 音乐发行的胡彦斌的《和尚》20 周年纪念黑胶 NFT。市场上甚至涌现出了许多 NFT 音乐平台，比如 OneOf（图 4-9）、Royal、Audius，获得了大量风投机构如 a16z、Founders Fund 的投资入驻。

图 4-9 音乐 NFT 平台 OneOf 官网界面

资料来源：https://www.oneof.com/

二、NFT 艺术项目的运行机制

1. 所有权机制

　　NFT 解决的最大的一个现实问题就是数字艺术品的所有权确权。当一位数字艺术家发布了自己的作品，通过加密技术，这个作品的一系列信息就被永久地记录下来，不可篡改。即使有人进行了复制拷贝，对比智能合约里记载的信息，也可以轻易地找到真正的所有权持有者。这解决了长久以来数字艺术作品易于复制、版权难以鉴定、权益得不到保护的问题。

　　或许有人会想，虽然我没有所有权，但是我也可以在网上浏览这个作品，那么我为什么要购买呢？事实上，版权意识和付费习惯通常是落后于现实需求的，小说、视频、音乐等各个领域从免费过渡到付费，需要用户花一段时间来适应。随着技术的发展，娱乐消费形式更加侧重于以互联网为载体，游戏产业庞大的体量已经充分证明了人们（尤其是新生代）为虚拟世界的精神消费的意愿和能力。人们的生活越来越电子化，更多的作品从生产、创造、发布到购买、消费、转卖，整个流程都发生在线上。NFT 的出现帮助数字创作者保护自己的版权，收藏家也可以方便地确认物品的真实性，解决了数字产品的版权问题。

　　NFT 对于创作者的另一个贡献是改变了收益分配模式。在传统的艺术品交易中，创作者只获得作品的第一次交易收益，后续该作品的价格无论如何上涨，创作者也无法直接获利。而 NFT 的系统将版税机制引入了所有的艺术品之中，通过发行 NFT 作品，创作者可以从该 NFT 之后的每一笔交易中得到一定比例的抽成（这一比例通常介于 0~10%）。这极大地提高了创作者的获利空间，激发了创作者的积极性。

2. 稀缺性控制机制

从古至今，许多艺术品因为本身的稀缺性创造了高昂的价格，而这套机理在 NFT 世界中被发扬光大了。作为数字产品，NFT 作品本身的生产边际成本近乎为零（即在原有基础上新增一个 NFT 几乎不需要付出任何额外成本）。它发行的数量和价格完全取决于发行方，同样一幅作品，发行方决定发行 10 个还是 10 000 个。

即使是在同一个系列中，不同元素的作品也会有截然不同的价格。例如热门的无聊猿游艇俱乐部系列，发行方定义了 7 种特征属性：背景、衣服、眼睛、毛发、嘴巴、耳环、帽子。通过电脑随机组合这些属性，产生了一万个不同造型的无聊猿 NFT。由于不同的特征出现的频率不同，有的十分常见，有的则极其稀有。NFT 交易平台上会列出各个属性的出现比例，例如海军服饰 0.64%、王冠 0.77%、黄金皮毛只有 0.46%。一个综合稀缺性很高的猿猴 NFT 和普通属性的猿猴 NFT 的价格差距可以达到十倍以上（图 4-10）。

不过，上述这种人为制造的稀缺性也常常成为人们诟病 NFT 的一点。

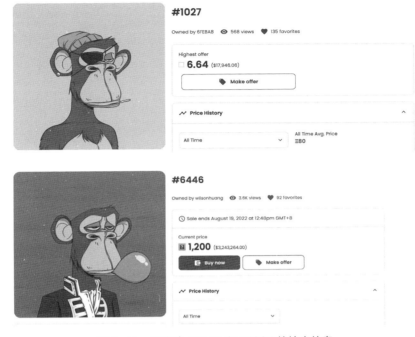

图 4-10　无聊猿 #6446 和 #1027 的拍卖信息

资料来源：https://opensea.io/collection/boredapeyachtclub

3. 销售机制

　　NFT 可以像传统商品一样进行定价销售，但因为 NFT 的底层艺术资产的价值难以客观定价，所以多采用拍卖的机制进行定价。常见的拍卖方式有英式拍卖和荷兰式拍卖。英式拍卖是指定一个价格作为 NFT 的起拍价，由感兴趣的买家轮流出价，在指定的拍卖时间内价高者得，获得者的出价即为最后成交价。荷兰式拍卖是指 NFT 的销售者先指定一个最高价格，随着时间推移，NFT 的价格会不断下降，而在这个过程中决定出价购买的买家可以获得这个 NFT，并支付决定出价时的时间点的 NFT 价格作为成交价。

正因为这种拍卖为主的销售形式，单个 NFT 的价格波动非常大。所以，购买 NFT 艺术品的过程像极了开盲盒或是在游戏中抽 SSR，需要氪金加运气才能得到想要的结果，实现价值的翻倍。有些 NFT 收藏品在销售上甚至干脆做成了盲盒形式，如 "NBA Top Shot"，它是由 DApper Labs 与 NBA 联合推出的系列，包含了 NBA 球员的赛场精彩片段。购买者事先仅仅知道卡包的稀有度（普通、稀有、传奇），抽中卡包之后才会知道具体是哪位球星，包含了什么片段。若是运气好，抽中了詹姆斯的暴扣，或是东契奇、锡安、库里等人的精彩瞬间，则投资回报率瞬间可以达到上百倍。这种 "NFT+ 盲盒" 的形式可以说是最大限度地把握了人性。

4. 社交属性和社区文化

当你身边逐渐有朋友，或是明星、名人在社交媒体账户上换上了各式各样的 NFT 头像，你很难不注意到。社交属性的注入正是 NFT 艺术品能在短时间内获得如此大的关注度的一个重要原因。收藏 NFT 并换上 NFT 头像仿佛成为某种时尚新潮的身份标签，是一种传递身份信息的方式。宣扬自己是新潮流中的一员，为你带来某种隐秘的优越感。

许多 NFT 有着非常活跃的社区文化，NFT 持有者可以进行丰富的再次创作、加工、制作周边，以及管理和运行。最经典的社区案例是 "加密朋克"（CryptoPunks）项目。开发团队幼虫实验室（Larva Labs）创建了 10 000 个独特的朋克头像 NFT，并创建了一个社区。社区成员们不仅会使用朋克头像作为自己社交账号的头像，还会在交互中创造出新的故事，给加密朋克注入生命力。例如，一群收藏家以 16 个朋克小人为角色，创造了一部朋克漫画，每个角色都有自己的背景故事（图 4-11）。这个最初在 2017 年免费发行的 NFT 项目，在 2022 年初已经达到近 7 亿美元的总交易额了。

图 4-11　"加密朋克"系列作品的像素小人

资料来源：https://www.larvalabs.com/cryptopunks

三、如何评估 NFT 艺术品的价值

NFT 艺术品包罗万象，种类繁多，风格迥异。那么在如此错综复杂的市场上，如何评估一个作品的价值呢？可以根据以下几点大致判断。

1. 项目发行方

要评估 NFT 的价值，首先要考察项目发行方的影响力和可靠程度。发行 NFT 的技术门槛非常低，成功的 NFT 作品常会遭到大量抄袭模仿。发行团队在加密社区的影响力很大程度上影响了作品的价值。此外，发行方本身的艺术天赋也十分重要。比如，一个 12 岁的英国小孩本亚明·艾哈迈德（Benyamin Ahmed）制作的"奇怪鲸鱼"（Wired Whales）系列在 9 小时内迅速售光，成交额超过 80 以太币（当时价值约 25 万美元）（图 4-12）。

图 4-12　"奇怪鲸鱼"系列作品

资料来源：https://opensea.io/collection/weirdwhales

2. 社区活跃度

如同股票和证券，NFT 的价值受到其流动性的很大影响，这反映的是人们对于某个 NFT 价值的共识。有许多网站给出了各个 NFT 项目的流动性数据，可以作为参考依据。图 4-13 就是 Coinmarketcap 网站的 NFT 系列拍卖数据。对于喜欢的作品，可以根据其活跃程度、讨论频率，以及社区的氛围来判断 NFT 本身的价值。

Top NFT Collections　　View More >

#	Name	▼Volume 24h	Est. Market Cap	Floor Price	Avg. Price 24h	Sales 24h	Assets	Owners	Owners%
1	BEANZ Ethereum	11,992.36 ETH ▲0.07%	129,643.92 ETH	4.19 ETH	6.8764 ETH ▲0.07%	1,744 -	19,950	7,088	35.53 %
2	Otherdeed for Otherside Ethereum	6,726 ETH ▼0.01%	887,089.08 ETH	3.38 ETH	7.5573 ETH ▼0.01%	890 -	97,420	34,008	34.91 %
3	Bored Ape Yacht Club Ethereum	1,517.31 ETH ▼0.02%	1,437,073.24 ETH	106 ETH	137.94 ETH ▼0.02%	11 -	9,999	6,274	62.75 %
4	Mutant Ape Yacht Club Ethereum	1,074.87 ETH ▼0.04%	601,695.96 ETH	23 ETH	25.59 ETH ▼0.04%	42 -	19,071	12,328	64.64 %
5	Azuki Ethereum	1,074.3 ETH ▲0.01%	287,460.99 ETH	25.8 ETH	28.27 ETH ▲0.01%	38 -	10,000	5,392	53.92 %
6	Doodles Ethereum	890.05 ETH ▼0.07%	216,183.98 ETH	21.9 ETH	22.82 ETH ▼0.07%	39 -	10,000	4,912	49.12 %
7	Moonbirds Ethereum	716.58 ETH ▲0.04%	328,165.97 ETH	25 ETH	27.56 ETH ▲0.04%	26 -	10,000	6,487	64.87 %

图 4-13　Coinmarketcap 网站的 NFT 系列排名

资料来源：https://coinmarketcap.com/

3. 稀缺度

NFT 作品的稀缺度在于两个方面。一方面是整个系列的数量，如加密朋克发行了一万个，总量固定。而有一些项目，发行方为了获得更高收益而不断增发，导致 NFT 数量持续增长，从而影响了产品的价值。另一方面，同一个系列中，NFT 自身属性稀缺程度也是重要变量，如罕见的配饰、颜色等特征会具有更高的收藏价值。

综合来看，NFT 艺术品的价格受到多方面因素的影响，除了上述几点，审美艺术、NFT 所在的公链、加密社区动向等因素也应适当考虑，此处就不再一一进行列举。

第五节　NFT 项目：GameFi

游戏作为世界上最受欢迎的消遣之一，在全球有着超过 20 亿的玩家，它已经不仅仅是人们的一种爱好，更成为世界各地许多人日常生活中不可或缺的一部分。正如简·麦戈尼格尔（Jane McGonigal）在《游戏改变世界》（*Reality is Broken*）一书中所说："游戏设计不仅仅是一门技术性的技艺，它是 21 世纪的思维和领导方式；玩游戏也不仅仅是为了消遣，它是 21 世纪携手工作、实现真正变革的方式。"

随着 Web3.0 时代的到来，区块链和 NFT 等技术日趋成熟，GameFi 应运而生，让游戏真正意义上变成了一种携手工作、实现变革的方式。这让那些或许现在已经事业有成的、曾经的"网瘾少年们"惊呼："当年想要在游戏世界中工作、上班的幻想竟然逐渐成真了！"本节将从 GameFi 的起源出发，介绍 GameFi 的特点和发展，探索 GameFi 的故事。

一、什么是 GameFi

GameFi 是 Game（游戏）与 Finance（金融）结合的产物。GameFi 在诞生早期，因为应用了区块链技术，所以也被称为链游，通常以去中心化应用程序的形式存在。用一个简单的等式表达，即"GameFi = Game + NFT + DeFi"。GameFi 以游戏为载体，将游戏中的资产 NFT 化，并融合 DeFi 的内核与底层逻辑，通过游戏实现游戏资产的确权与游戏经济的搭建。

在传统的网络游戏的运营模式中，玩家注册账号，并从游戏服务商那里获得游戏的体验权。然而，玩家在游戏中投入的时间、完成的任务、解锁的角色和物品都是一种纯感性的价值，在游戏之外没有任何用途，最多只能当作茶余饭后的谈资而已。更可怕的是，一旦游戏服务商选择停止服务、关停游戏，玩家在游戏中收获的一切便成为水中花、镜中月，只能存在于记忆中了。

NFT 技术的诞生与繁荣为玩家提供了解决这种困境的方案。它允许玩家把游戏中的角色、物品、资产和任何其他游戏资产做成 NFT，让原本存在于游戏服务商的服务器上的一段代码，真正变成玩家自己的数字资产，玩家可以把它带到游戏之外的世界去。这不仅有助于延长玩家的游戏时间，还允许开发者运用 DeFi 的一些设计思想，创造更强大的游戏经济体系，让参与游戏的驱动力由"开发者与玩家之间的互动"向"玩家间的互动"转变。当玩家成为游戏经济的核心，他们不会再被迫以适合游戏经济的方式去玩，而是以更符合他们兴趣的方式去玩。同时，游戏开发者也不再需要关注游戏的经济性，而是可以致力于创造出尽可能好的游戏体验。在这种模式下，玩家和开发者都将收获好处，游戏社区也会因此变得更加多样化，朝着更加健康的方向发展。

二、GameFi 的基本特征

1. "通过玩游戏来赚钱" 模式与代币系统

单从字面意思上来看，"通过玩游戏来赚钱"并不是新兴的概念。传统的线上游戏，如《魔兽世界》和《王者荣耀》等，都存在许多玩家线下交易游戏人物、装备或背景等虚拟物品来获利的行为，这种游戏外经济形式也引来了许多游戏开发商的抵制。

而在区块链技术驱动的"通过玩游戏来赚钱"模式下，玩家可以玩以加密货币为基础资产的游戏，通过充值、完成游戏任务等方式，获得游戏内各种资产或代币的所有权，并以养成孵化和升级打怪等方式创造价值。玩家不仅可以获得玩游戏的愉悦感，还可以将产出的代币、装备和其他 NFT 在公开交易市场中出售，获得数字资产收益，而这些收益可以是任何在区块链上确权的加密资产，以转换为现实世界的价值。这种方式不但不被游戏开发者抵制，反而是一种有利于整个游戏生态繁荣的行为。"通过玩游戏来赚钱"通过符合游戏生态利益的方式实现了从游戏资产到金钱的转换，这种盈利模式保证了玩家的活跃度与积极性，给游戏社区的发展注入了极大的动力。

同时，一些 GameFi 游戏为了更好地激励玩家，还建立了多代币系统，比如游戏代币、治理代币。这些代币可以赋予玩家决定游戏社区走向的投票权，从而增加玩家对平台价值的认可，促进游戏生态的持续繁荣。

2. 游戏内资产所有权

在传统游戏中，玩家通过氪金或其他形式购买游戏内的虚拟货币和道具，但它们的所有权仍然归属于游戏公司。一旦游戏下架，资产就不复存在，与其说是"所有权"，不如说是"使用权"。同时，传统游戏的交易也都储存在单一游戏账户里，依然存在玩家与开发商之间的信任问题，开发商可以通过修改游戏设置来调整玩家所拥有的资产价值。

而在 GameFi 的模式下，链上智能合约、NFT 及其他区块链技术可以赋予玩家对游戏内资产的所有权，允许他们通过积极玩游戏来增加他们所拥有的游戏资产的价值。同时，玩家也可以对这些游戏资产进行交易变现。这种全新的模式让开发者更纯粹地关注游戏本身，提升了玩家的主动性和活跃度，从而增加游戏的购买量，使开发者、玩家和发行商实现三赢。

3. DeFi 成分

GameFi 中的 DeFi 成分主要体现在 NFT 游戏资产是去中心化的，可参与提供流动性和一些流动性挖矿。GameFi 中玩游戏的行为与工作量证明行为类似，在游戏中可以花费时间和精力获取收益，只要获得了游戏的入场券，便不需要太多原始资金。而 DeFi 是基于权益证明机制的，需要有原始资金成本，再通过挖矿获取收益。简而言之，GameFi 的重点在于玩游戏，而 DeFi 的重心在于挖矿，DeFi 中的挖矿过程被 GameFi 以游戏替代，资本不再是必要条件，付出足够的时间精力来玩转游戏规则，采取合适的策略通过游戏关卡才是赚钱的条件。

相比挖矿，普通用户对游戏的理解成本更低。随着游戏经济模型和玩法设计成熟度的提升，游戏的寿命进一步延长，"升级打怪"背后的长路径就决定了游戏项目更长的生存周期。再加上 GameFi 项目方的收费率远高于 DeFi 项目，加速了链游的出圈，许多 GameFi 项目的收入已经超过了大部分 DeFi 项目。

三、GameFi 的发展历程

区块链技术与游戏的结合最早可以追溯到比特币刚刚诞生的时期。人们尝试将比特币与早期的《我的世界》（*Minecraft*）服务器集成，BitQuest 团队打造出了首个以比特币作为交易系统的《我的世界》服务器。该系统将《我的世界》中的货币"绿宝石"与比特币的价值挂钩，玩家在游戏服务器中赚取"绿宝石"并将其存入"银行"中时，系统就会自动把比特币放进玩家的 Xapo 钱包进行"变现"，这便形成了 GameFi 最初始的结构。

2014 年之后，伴随着 NFT 的出现，越来越多的游戏开始应用这种技术去和游戏中的资产绑定。游戏中的资产可以是任何东西，然而困扰游戏的一个常见问题是无法证明特定虚拟物品的出处，从而导致欺诈。2017 年，ERC-721 协议的提出为玩家和游戏开发商提供了新的机会，这是以太坊针对不可置换代币的 NFT 数字资产的第一个标准，它支持发布独特的 NFT，该协议下的资产具有多种优势，例如资产所有权的安全性、所有权转移的便捷性以及所有权历史的不可更改性和透明性等。

2017 年推出的《加密猫》是第一款主要利用 ERC-721 的游戏，这是一个基于以太坊的去中心化应用程序（图 4-14）。虽然《加密猫》看似只是一款简单的"养猫"游戏，但这些猫的价格可能会达到令人吃惊的上百万美元。它的玩法也很简单：每只小猫都是由智能合约生成的加密 NFT，拥有自己独特的基因组合，这些基因会决定加密猫的外观，例如眼睛、皮毛图案、体色等。而这些基因获得的概率各不相同，这也让小猫的稀有程度有所区别。每过一段时间，智能合约就会放出一只新的小猫，玩家可以选择领养或者使用以太币购买小猫。拥有多只小猫的玩家可以将自己的小猫进行繁育，孵化出新的小猫。孵化出的小猫根据设定好的遗传算法，会继承自己父母的一些基因，但是部分基因也可能发生随机变异。玩家可以将孵化出的小猫卖出变现、出租或是购买稀有猫后进行转让来获取收益。尽管一些人认为《加密猫》的游戏模式没有证明长期的经济可行性，但它仍占领了一个新的游戏市场，并创造了一种新的模式，将 NFT 与以太币的价值相连接，之后不断涌现的新游戏和模型则使得 GameFi 的框架更加清晰。

虽然《加密猫》一经推出就广受好评，但作为游戏而言，其本身的游戏性并不强大，只是在传统的 NFT 收藏和交易市场的基础上，融入了一些游戏的元素。但毫无疑问的是，它对于"通过玩游戏来赚钱"机制的落地做出了具有开拓性的贡献，为未来 GameFi 的发展做了很好的铺垫。

图4-14 《加密猫》官网主图

资料来源：https://www.cryptokitties.co/

之后，越来越多的端游和手游将 NFT 的特点运用在各种各样的游戏机制中，形成了各具特色的"通过玩游戏来赚钱"机制，GameFi 时代也正式来临。Abitchai 创始人赵美军曾表示，"区块链与游戏结合的方式，第一是游戏币区块链化，第二是游戏装备和角色区块链化，第三是游戏法则区块链化。"这正好从结合度的层面对应了 GameFi 的不同发展阶段：从"游戏币上链"这种直白粗糙的模式，到通过 NFT 对游戏道具等数据资产进行确权，再到游戏的规则与产出逻辑都被转移到链上。GameFi 将不断朝着全面上链的方向发展，对技术的要求也越来越高。

截至目前，虽然各类 GameFi 在游戏属性上已经有了明显的提升，但可玩性仍无法媲美传统游戏，同时还存在着过于看重资产价值而轻视玩法的问题。再加上研发周期短，开发难度低，市场上很多游戏的质量都良莠不齐。虽然现在在 GameFi 领域已经诞生了一些 3A 游戏大作[①]，但未来 GameFi 的发展，还需要更多聚焦于游戏质量的提升。

四、GameFi 是如何运行的：《幻想生物》

如果说《我的世界》上链对应的是第一阶段的代表游戏，《加密猫》对应的是第二阶段的代表游戏，那么《幻想生物》就是第三阶段的代表游戏。

设想当你因意想不到的事情而待业在家时，游戏竟成为你维持生计的主要经济来源。或许这听起来有点像"天上掉馅饼"，但却已经在菲律宾真实发生。这一事件被收录进一部名为《边玩边赚：菲律宾的 NFT 游戏》(*PLAY-TO-EARN：NFT Gaming in the Philippines*) 的纪录片中。在疫情的阴霾下，菲律宾的失业率一度超过 25%。有人无意间发现了一款能够"通过玩游戏来赚钱"的区块链游戏《幻想生物》，并从中获得谋生的资金。当消息传开，整个村庄的居民都加入其中，在游戏里赚取维持家庭开支的费用，区块链游戏成为他们赖以谋生的手段。根据数据分析平台 TokenTerminal 的数据，2021 年 7 月 28 日，《幻想生物》的收入达到了 1 848 万美元，单日收入已超《王者荣耀》2 倍，一举成为一款现象级的产品。[②]

《幻想生物》到底有着怎样的魅力，它是如何吸引全村庄的老

[①] 3A 游戏大作指传统美国游戏级别体系中最高档次的游戏，通常代指高成本、高体量、高质量的游戏。

[②] 参考自 https://www.tokenterminal.com/terminal/projects/axie-infinity。

老小小都成为自己的忠实玩家，并成为比肩头部传统游戏的佼佼者
的？接下来我们以《幻想生物》为例，看看一个典型的 GameFi 是
如何运转的。

1.《幻想生物》的玩法与特点

　　《幻想生物》是一款集对战、卡牌、售卖和土地租赁等内容为
一体的区块链游戏（图 4-15），熟悉宝可梦收集对战的玩家们可能
会对这款游戏感到非常亲切，这也正是《幻想生物》的灵感之一。
正式进入游戏之前，玩家需要先用虚拟货币购买三只名为 "Axie"
的宠物，并利用它们进行繁殖，获得新的宠物。由于 NFT 的特性，
每只 Axie 宠物都独一无二，并完全属于玩家。它们可以被直接出
售，以换取虚拟货币并兑换成现实中的法币。与《加密猫》仅侧重
于交易不同，《幻想生物》游戏内置了专门的卡牌对战环节，宠物
的稀有度和出牌方式共同决定了游戏的输赢。

图 4-15　《幻想生物》官方宣传图

资料来源：https://axieinfinity.com/

　　《幻想生物》有两种游戏模式：冒险模式和对战模式。在冒险模式中，玩家可以选择自己的三只 Axie 宠物组成队伍在游戏世界中展开冒险，和史莱姆等野生怪物进行对战。而在"对战模式"中，玩家同样需要组建一个由三只宠物组建的队伍和另一个玩家展开对战（图 4-16）。

图 4-16　《幻想生物》游戏的冒险对战界面

资料来源：https://p2eprofessor.com/play-to-earn/axie/guides/axie-adventure-mode-guide/

　　每一只 Axie 宠物都拥有四个属性，分别是生命、速度、技能和士气。生命决定了宠物在被敌人打败前可以承受的伤害总额；速度决定了攻击的顺序和行动优先级；技能会影响各种宠物间打出组合技能时的伤害；而士气决定了宠物的暴击率和"最后一搏"的概率。"最后一搏"是一个有意思的机制，每个宠物的生命归零时，会有一定概率进入这个状态，在死亡前获得额外的动作轮次。

　　类似于宝可梦游戏中，电系克水系、水系克火系的系别克制关

157

系，Axie 宠物也存在系别和克制关系。Axie 宠物一共有水生、野兽、飞鸟、昆虫、植物、爬行 6 个基本系别，还有黎明、机械、黄昏 3 个特殊系别。不同的系别对宠物的四个属性都会有不同的加成。系别之间也存在互相克制的关系，当遇到克制自己系别的敌人时，对敌人造成的伤害会减少 15%，而敌人对自己造成的伤害会增加 15%。

和《加密猫》里的小猫一样，Axie 宠物也会因为系别基因的遗传和变异表现出不同的外观，包括眼睛、耳朵、嘴巴、背部、尾巴和角 6 个部位的特征。这些身体部位会影响到宠物的战斗能力，通常来说，6 个部位表现为同一系别的宠物战斗能力最强，也最为稀有。

此外，Axie 宠物也拥有宝可梦一样的技能，但别具一格的是，这些宠物的技能是通过卡牌的形式体现的，这些卡牌会因为宠物不同的身体部位组合呈现出不同的效果。这些效果可能对对方造成伤害，也可能进行防御，还有可能对对方造成恐惧、寒意等减益效果或加速、士气提升等增益效果。

通过宠物的属性、部位、系别、卡牌技能等丰富多彩的设定，《幻想生物》衍生出了多样的策略玩法，大大提升了它的游戏性，使它一度成为最热门的 GameFi 游戏之一。

2.《幻想生物》的经济系统

《幻想生物》的另一大特点在于它拥有一个严格限制"割韭菜"的经济系统。SLP 和 AXS 是游戏中的两种代币，"对战"和"繁殖"则是主要的经济活动。对战胜利可以获得 SLP，而 Axie 宠物的繁殖需要消耗 SLP。AXS 则需要通过充值或是卖出 Axie 获取，它扮演着治理代币的角色，在去中心化的游戏愿景中，持有 AXS 的玩家将能够参与游戏的决策，以投票的方式引导游戏的更新方向，维护社群的利益。根据新玩家入场的速度，开发商也在不断调整对战后获得的 SLP 数量等参数设定来保证货币供需关系的平衡，并通过"土地游戏""回收计划"等功能进一步稳定经济系统。

能够长时间吸引玩家的有效玩法、具有持续性的经济闭环、真正实现去中心化之前核心团队的关注与调控，这三者共同保障了《幻想生物》的顺利运转。基于此，"买宠繁殖 → 对战挖币 → 交易换钱"的稳定循环就建立了起来。

在交易中，所获得资金收益的 95% 会归玩家所有，剩下的则将流入"社群金库"中，作为维持游戏运转的成本以及活动奖励的来源。如今，《幻想生物》世界的完成度还很低，按照游戏开发团队 Sky Mavis 在白皮书中预想的计划，到 2023 年，开发团队将会失去对《幻想生物》的绝对投票权，而持有 AXS 代币的玩家将会完全掌控和主导游戏，最终完成去中心化。

疫情带来的机遇使《幻想生物》已经在菲律宾等地带动了超过 15 万人参与就业，收入甚至要高于疫情蔓延前的水平。随着 Axie 价格的升高，入场成本的增加不利于更多的新玩家入场。因此，一些名为"奖学金"（Scholarship）的计划正在全球各地开始运作，区块链公会组织与赞助商会为新玩家提供 Axie 租借与游戏指导，再抽取部分收入分成，由此一条新的产业链正在逐渐形成。

五、其他热门 GameFi 游戏

1.《余烬之剑》(*Ember Sword*)

　　《余烬之剑》是一款免费的大型多人在线角色扮演链游，它的世界设定在一个架空世界中（图 4-17）。整个世界有树林、沙漠、丛林和冻土四个不同的国家，而国家内又分为三种地域：安全进行日常任务的王权（Kingship）、可冒险对战的荒野（Wilderness）和应对各种随机攻击以争夺高风险资源的法外之地（Outlaw）。

图 4-17　《余烬之剑》游戏官方宣传图

资料来源：https://embersword.com/

　　当玩家进入《余烬之剑》的世界时，需要选择自己的国籍，并购买土地。不同等级和售价的土地具有兴建房屋、店铺、交易所等不同功能，以供玩家赚取被动收入。玩家具有挖矿、伐木、武器锻造等 16 种可升级的生活技能，平时可以通过参与战斗——打 boss、玩家对战，来获取奖励和资源，并得到可交易的 NFT 卡片。除了个人战斗外，国家属性赋予了游戏国家对抗战争的玩法，击败敌国的队伍可以获得稀有卡片 NFT 等奖励，而这些 NFT 收藏品会附有历史纪录，例如记录武器曾经首杀过某些游戏终局 boss 等，令藏品更具收藏价值。《余烬之剑》里所有土地以及装饰品都是 NFT，玩家通过玩游戏、交易所交易和官网购买等方式可以获得游戏内的 NFT。在《余烬之剑》正式上线之前，其第一批土地就已早早售罄，土地发展自由度和玩法的丰富度使它成为备受瞩目的 GameFi 之一。

2.《星图》（ *Star Atlas* ）

《星图》是一款基于 Solana 区块链的 3A 大作游戏，号称最值得投资的区块链元宇宙项目（图 4-18）。该游戏描绘的是 2620 年的未来宇宙世界。设定的未来中存在三大派系：由人类统治的 MUD 领土、由外星种族组成的 ONI 地区，以及有感知能力的机器人所控制的 Ustur 地带。这三大派别因为资源、领土和政治统治而持续斗争。

当玩家一进入游戏，就要选择成为某派系中的公民，并决定自身的发展方向，比如专职采矿、赏金猎人、贸易商等，组织自己的船员与舰队，寻找星球，建立自己的地盘，并组建同盟与其他派系抢夺资源。与其他 GameFi 相似，船舰、装备、船员和土地等资源也都是 NFT 化的，并可以通过游戏任务获得。

《星图》的特别之处在于，这个宇宙也遵守"质量守恒定律"，这意味着有限的资源会随着游戏进程而越来越稀少。因此，如何分配资源以及是否要对战便成为需要慎重考虑的事情，玩家一旦战败，游戏资产就可能付之一炬，成为他人的战利品。

图 4-18　《星图》游戏官方宣传图

资料来源：https://staratlas.com/

　　交易代币 ATLAS 和治理代币 POLIS 共同构成了《星图》的经济体系，使玩家在建造城市、创建微型经济的同时，还可以通过合伙的方式形成去中心化组织来管理特定区域。2021 年 4 月，《星图》与当前最火热的区块链游戏公会 Yield Guild Games 宣布了合作伙伴关系，有力地推动了游戏的后续发展。

3. *Illuvium*

　　Illuvium 是建立在以太坊区块链上，集宠物育成、对战、探险于一身的 3D 开放性游戏，其世界观结合了科幻与奇幻元素，设计宏大而完整（图 4-19）。玩家需要在游戏中扮演一位迫降太空的冒险者，降落于饱受摧残的未知星球。星球上的生物 Illuvial 因长期受极端天气和神秘辐射的影响，而拥有了未知的超能力。玩家能够

利用当地晶石 Shards 捕获及控制 Illuvials，并试图解开失落星球背后未知的谜团和寻找自身的文明摇篮。

宠物育成、宠物对战和冒险是 *Illuvium* 的三大玩法。宠物 Illuvials 具有不同的属性和特征，构成了复杂的对战系统；Illuvials、Shards 和各种装备则让 NFT 拥有了丰富的类别；*Illuvium* 推出的代币 ILV 赋予的治理投票权也让 *Illuvium* 具有成为 DAO 的可能性。

图 4-19　*Illuvium* 游戏官方宣传图

资料来源：https://www.illuvium.io/

玩家在游戏过程中通过对战、开采等方式发掘的稀有物品会自动生成 NFT，通过以太币和 ILV 代币进行定价，并可以通过 NFT 交易平台或游戏内置的 IlluviDEX 平台进行交易。

除了在游戏中赚取 ILV 外，*Illuvium* 还设有权益质押（Staking）和收益率养殖（Yield Farming）的功能，玩家可以将游戏中赚取的 ILV 投资于未来的发展，从中获得收益。并且 *Illuvium* 是建立在以太坊 Layer2 方案之上的，游戏中产生和交易 NFT 的过程可以免去网络使用费，进一步吸引众多玩家和投资者。*Illuvium* 勾勒出了一个可玩性颇高且愿景宏大的游戏世界，加上其背后颇具实力的开发团队，使得市场对这款游戏充满了认可与期待。

4. 战利品系列项目（Loot）

Loot 是一个非常有趣的项目，它最早只是一个文字 NFT 系列，但其独特的创意使它在短短一个月的时间内吸引了大量玩家入局，并创造了一系列围绕它创建的游戏生态，最终演化为一个带有元宇宙性质的 GameFi 项目（图 4-20）。在最早的文字 NFT 系列时期，

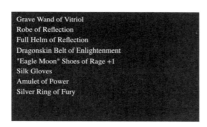

Loot 系列的每一个 NFT 被称为一个战利品包（Loot Bag），包括一些随机出现、会在游戏中掉落的战利品词组，如钛戒、短剑、魔杖，等等。根据出现频率的不同，这些战利品可以分为不同级别：

图 4-20　战利品包 #5046

资料来源：https://opensea.io/assets

普通级、稀有级、史诗级、神话级，等等。

这个只有纯文本甚至没有图像的项目看起来十分简单，然而正是因为如此简单，才提供了无限的可能性和创造空间。这些 NFT 完全开放给用户，并且是可编程的，任何人都可以用它来进行各类创作。Loot 社区的用户们在原始的战利品包的基础上创造了各种精美的人物、传奇的故事和不同背景的地区，最终共同组成了一个精美的 Loot 元宇宙 "Lootverse"（图 4-21）。

图 4-21　Loot NFT World 官网展示地图

资料来源：https://world.lootnft.io/

第六节　NFT 项目：NFT 身份标识

Web3.0 时代将互联网中所有数据的所有权下放到了每一个用户自己的手中，但是在授予权利的同时也给每个用户带来了一个致命的问题：我该如何证明"我"就是"我"呢？乍一听，这个命题仿佛带着些许哲学色彩，但却是我们不得不面对的现实问题。本章将详细介绍，如何利用 NFT 技术解决这个问题。

一、去中心化身份与零知识证明

为什么在 Web3.0 的世界，证明"我"就是"我"是一件困难的事情呢？这里的两个"我"，并不是哲学层面上对于"存在论"的探讨，而是在思考一个技术或者说管理上的问题，即如何把虚拟世界的"我"和现实世界的"我"建立连接。在 Web3.0 世界，线上、线下之间的交互愈加频繁，人们的数字资产储存在区块链钱包里，人们的社交活动在元宇宙的世界里，虚拟世界与现实世界的羁绊越来越深，但我们似乎很难在虚拟世界证明出现在这里的"我"就是现实世界的"我"，也很难在现实世界证明虚拟世界有关"我"的一切是属于现实中的"我"的。

我们先看一下 Web2.0 时代是如何解决这个问题的。每当你试图使用一个平台，都需要使用一些包含身份的信息去进行注册，中心化的机构会根据涉及的业务要求你登记一些个人信息，安全风险低的业务登记的可能是手机、邮箱，风险高的业务可能需要登记你的身份证号码、指纹、人脸等信息。当在线上遇到需要进行身份识别的业务时，比如支付宝密码修改，系统就会通过发送验证码、指纹识别、人脸识别等方式核对当前本人是否与之前注册的信息一致来进行身份验证。线下场景也是类似的，比如线下查验是否购买了高铁票，也是通过机器或人工比对预先登记在中心化机构系统内的信息来核验身份。

然而，在 Web3.0 世界，所有的数据都是以去中心化的方式进行存储的，那么该如何标识一个人的身份呢？目前，有很多的技术方案尝试解决这个问题，这类技术方案被称为去中心化身份。一个去中心化身份方案应该包括三个部分：身份信息、身份证明、身份验证。

1. 身份信息

去中心化身份需要能够存储标识主体独特的信息，这些信息可以是姓名、手机、邮箱等符号化的标识信息，也可以是指纹、脸部图像等生物性的标识信息，通过核对这些信息可以确定主体的具体身份。

2. 身份证明

类似于身份证、学校开具的在读证明、各城市的居住证，网上办理业务时也需要出示各种各样的身份证明。去中心化身份需要在没有中心化机构管理的情况下，出示自己身份证明的同时又保证身份信息不会泄露出去。这看上去非常简单，但实现它并不容易。设想一下，就好比系统问了你一个问题："你知道你的身份证号码是多少吗？"这时候，你既不能告诉系统你的身份证号码，防止信息泄露，但又要让系统相信你真的知道自己的身份证号码。那么该怎么办呢？这就涉及一个有趣的概念：零知识证明，即证明者需要在不向被证明者透露任何有用信息的情况下让对方相信自己的证明是正确的。

这听起来有些荒谬，但真的可以做到。下面我们来模拟一种简化版的"零知识证明"来尝试解决一下刚刚这个"身份证号码"的问题。假如，你的身份证号码被设为了一个密码盒的密码，并且系统也知道这个密码盒的密码是你的身份证号码。你在系统面前展示了你可以顺利地把锁住的密码盒打开，这时，系统既能相信你真的知道自己的身份证号码（不然也打不开密码盒），又不会知道有关身份证号码的任何数字信息，一个零知识证明也就完成了。不少去

167

中心化身份的技术方案在出示身份证明时也运用了这种技术。

3. 身份验证

当利用去中心化身份出示了身份证明，也就需要一套类似上面提到的"密码盒"的机制来实现"就算不知道任何信息，也能验证对方身份证明的真假"的效果。目前，有很多技术路径都可以实现去中心化身份，但大多涉及非常复杂的技术概念。

二、身份标识的 NFT 方案：NFT3

在 NFT3 项目中，每个人都可以通过创建与用户身份相关联的 NFT 来管理自己所有的身份信息。每个身份 NFT 还会对应一个 MetaID，用户可以自由选择向任何平台出示自己的身份证明，在各个 Web3.0 平台间随意切换登录。

除了基本功能外，NFT3 还将根据用户的社交账户信息创建一个复杂的信用评分系统 NCredit。这个系统会在 Web3.0 网络的各个去中心化平台内跨链搜集信息，来评估这个人身份的可信度，信用分越高，用户的信息也越可靠。高信用分的用户在 Web3.0 中可以获得诸多额外的权益，如更高的投票权重、更低的借款利率，等等。同时，为了避免虚假注册拥有身份账号的情况，每个用户都需要质押一定的 NFT3 的代币 ISME，才能拥有一个激活的 NFT3 去中心化身份。此外，系统内存在一套仲裁机制，来最大限度地避免不可信的、虚假的身份，如果发现存在这些现象，用户将会受到扣除代币的惩罚。在极端情况下，质押的所有代币可以被一次性全部扣除。此外，NFT3 的使用是邀请制的，一旦被邀请者因为虚假身份而被仲裁系统给予扣除代币的惩罚，邀请者也会受到连带的扣除惩罚。相反，如果你邀请的用户的可信度都得到了验证，随着可信的用户越来越多，你也会得到相应的奖励。这套质押身份的机制，除了在一定程度上限制了注册了虚假身份的机器人的出现，也赋予了 NFT3 社区的属性，为它注入了持续增长的动力。

三、其他 NFT 身份标识项目

1. 唯一身份标识

位于以太坊区块链上的 Goldfinch 项目发布了一个名为"唯一身份标识"（Unique Identity，简称 UID）的产品，这是第一个用于身份验证的 NFT（图 4–22）。发布这个产品的初衷是解决 DeFi 缺乏"了解你的客户"（Know Your Customer，简称 KYC）机制的问题。

所谓"了解你的客户"，就是帮助金融系统了解客户信息的一系列措施，以确定这个客户是真实存在的。举例来说，当我们去银行开户时，银行会登记我们的一些身份证号码、联系方式、住址等信息，这就是"了解你的客户"机制的措施。对于企业，"了解你的客户"机制还会核验营业执照、股权结构、法人信息等一系列更复杂的信息以确定身份验证的可靠性。而一些金融机构，为了避免出现反洗钱和非法交易，还会监测客户的交易流水的一些信息，例如交易频率、每笔交易的规模等。

图 4-22　链上用于 KYC 验证的 UID 示意动画

资料来源：https://opensea.io/assets/ethereum/0xba0439088dc1e75f58e0a7c107627942c15cbb41/0

　　Goldfinch 公司聘请了一家专业的身份验证公司 Persona 来执行"了解你的客户"机制的流程，Persona 会检查用户是否拥有有效身份并且不与其他人重复，一旦通过 Persona 验证，用户就有资格获得他们的唯一身份标识，这个唯一身份标识会被铸造成一个不可转让的 NFT，被发送到用户的地址。除了可以利用唯一身份标识进行"了解你的客户"机制或合规性的检查外，代表身份的 NFT 还能将用户在社区中的治理投票权和用户本身而非代币联系起来，开发人员也能通过 ERC-1155 标准将这个包含着身份的 NFT 集成进 DeFi 协议，这有利于 DeFi 生态中信用评分体系的发展。

2. PhotoChromic

　　PhotoChromic 是用于创建和管理数字身份的框架，通过可编程、可验证、通用可寻址和确保数字安全的 NFT 将人们的身份代币化。[1] 它通过 NFT，将生物特征、政府提供的身份证明、社交媒体认证和独一无二的个人特征整合为链上的资产。PhotoChromic 的多链协议在设计中高度重视数字身份的稳定性和独立管理，它提供的身份证明因与物理和数字资产高度相关且基于真实生物特征，可供开发社区作为 Web3.0 应用程序的身份基础设施。

PhotoChromic 的价值在于，它能够将身份的所有权和控制权归还给个人，将个人的身份、数字和物理资产、有价值的社会关系以及数字签署协议联系起来，并与互联网上的实用程序结合在一起。此外，它可以利用这些多样化的联系实现各种独特的功能。例如，它可以通过数字安全验证流程来确认个人的活动，通过上传身份证件来验证身份、添加生日和婚姻证明，将身份信息上传到区块链上来铸造个人 NFT，在共享链接上创造个人的 PhotoChromic NFT 等。

3. Candao ID

Candao 是一个去中心化的社交媒体平台，它提供了一套监督方案和工具，将来自世界不同地方的加密社区联系起来，用户可以在这里充分发挥自己的潜力来创建和发行自己的品牌代币，并寻找自己的客户和合作伙伴。Candao 使用 Candao ID 功能进行身份管理，它是一种基于 NFT 的专用数字标识，能够与过去所有的历史交易记录相关联。由于 NFT 是独一无二且不可分割的，Candao 的创始团队

---

[1]　参考自 https://photochromic.io/。

还利用该技术使用户能够将自己的数字交易和个人身份信息连接起来，这意味着他们在社交平台上的每一项活动都需要经过区块链技术的验证。Candao 通过 Candao ID 功能创建一个可验证的追踪系统，没有人可以使用虚假的 ID 或在平台内使用未经实名验证的身份。此外，用户还可以使用 Candao ID 功能创建一个可以与社区中其他人共享的身份，这个身份同样需要经过系统的验证以确保使用安全。

4. 数字新冠病毒证书

2020 年 7 月，圣马力诺共和国发布了基于唯链（VeChain）区块链的数字新冠病毒系列证书，该系列证书包括新冠疫苗接种证书、新冠治愈证书、新冠检测证书和新冠抗体证书。这四套证书均使用了 NFT 技术来保证证书的独一无二，可以作为线下各种新冠疫情防控场景的身份证明。每个证书上有两个二维码，第一个二维码可以按照欧盟的检查标准进行扫描验证，以方便持证者在疫情防控期间自由出入欧盟成员国；第二个二维码并没有特定应用的扫码限制，扫描时可以获得一个保证链上不可变且随时可访问的 NFT 证书，来支持其他各类机构的身份验证，辅助新冠疫情的防控。例如，在新冠疫苗证书上，NFT 会记录个人姓名、护照号、接种疫苗的型号、接种疫苗的计量等信息。该系列数字新冠病毒证书实现了运用 NFT 技术实现国际通用性的身份认证的想法，帮助圣马力诺共和国的身份认证与欧盟现行标准保持一致，在降低信息伪造风险的同时也提供了便捷性。

第七节　其他 NFT 项目

一、与实体映射的 Real NFT

Real NFT 是一种将实体物品映射为 NFT 的项目类型，常见的应用形式有两种：NFT 与实物兑换和借助 NFT 帮助实物进行营销。

以太坊公链上去中心化交易所应用方 Uniswap 团队发布的 UNISOCKS 项目就是 NFT 与实物兑换的典型代表。Uniswap 团队将 500 双限量版的实体袜子锚定为 500 个 ERC-20 标准的代币 SOCKS。买家可以用以太币自由买卖 SOCKS，也可以用 SOCKS 兑换实体袜子，但是兑换后的 SOCKS 会被销毁。这些袜子最初定价为 12 美元，一年后这些袜子的价格最高涨至 16 万美元，这主要取决于 SOCKS 项目特殊的动态定价机制。UNISOCKS 智能合约采用了联合曲线模型为 SOCKS 定价，这意味着 SOCKS 的价格会随着供求关系的变化而变化。随着限量的 SOCKS 售出，供应量越来越小于需求量，SOCKS 的价格就会逐渐上涨；但如果大量 SOCKS 被卖回流动性池，供应量逐渐大于需求量，SOCKS 的价格就会下降。当袜子数量减少至个位数时，袜子的价格也可以达到十几万美元的惊人价格。中国的许多电商小店看到了这背后的庞大商机，也纷纷开始仿造同款袜子。当然，这些袜子背后并没有 NFT 的支撑。

而对于另一种形式的 Real NFT，像巴尔曼（Balmain）、路易威登（LV）、巴宝莉（Burberry）等品牌都推出 NFT 来塑造品牌年轻化形象。2022 年 1 月，法国奢侈品牌巴尔曼和玩具制造商美泰集团（Mattel）合作推出了后者旗下著名 IP 芭比（Barbie）的联名 NFT，该联名 NFT 包含 3 个穿着全套巴尔曼设计的虚拟服饰的芭比和肯（Ken，芭比的男朋友）NFT，同时，每个 NFT 也对应着现实中一套为芭比娃娃设计的迷你巴尔曼服饰（图 4-23）。该联名 NFT 在 mintNFT 上竞价拍卖，消费者购买 NFT 后将会成为区块链上这个品牌的一部分，参与品牌多元文化、打破性别限制的冒险。除此以外，巴尔曼和美泰还推出了超过 50 件现实中的成衣系列作品。

图 4-23　巴尔曼和芭比联名 NFT 项目

资料来源：https://nft.mattelcreations.com/

参与了此次芭比联名 NFT 拍卖的 mintNFT 创始人透露，品牌 NFT 营销具有三个要点：首先，营销人员需要通过对品牌和用户的了解，确定品牌 NFT 的营销活动目标；其次，需要创造出具有创意的外观，并选择合适的技术伙伴进行 NFT 拍卖；最后，还需要根据 NFT 的寿命提前制定一些长期计划，例如下一次营销是否推出另一个 NFT、通过什么方式推出等。

二、NFT 域名：以太坊域名服务与 Flow 域名服务

1. 以太坊域名服务

以太坊域名服务（Ethereum Name Service，简称 ENS）作为一个基于以太坊区块链的分布式、可拓展和开放式的命名系统，可以提供 Web3.0 身份、原生支付、增强域名产权等服务。以太坊域名服务采用类似"保证金＋投标"的竞标机制，所有人在缴纳保证金后对同一域名进行投标，出价最高者以第二高的价格获得该域名，因此任何用户都可以为自己的以太坊地址注册一个（或多个）以".eth"结尾的以太坊域名。同时，以太坊域名服务也可以和 Web2.0 时代的传统域名系统一起使用。目前以太坊域名服务支持的域名有".com"".io"".xyz"等，但和传统域名系统不一样的是，以太坊域名服务增强了域名产权，所以以太坊域名服务不能撤销用户的".eth"地址。由于以太坊域名服务构建于 ERC-721 协议，每个以太坊域名都是一个 NFT，用户可以在 OpenSea 等交易平台上进行以太坊域名的买卖。除此之外，所有以太坊域名和传统域名都可以作为加密货币的原生钱包地址接收多种加密货币，包括比特币、以太币等。用户可以直接通过以太坊域名和传统域名的连接，无须经过中间商就可以将交易发送给特定网站进行付款。

以太坊域名也推出了自己的治理代币，并通过 DAO 的形式去运作。和 DeFi 协议不同的是，以太坊域名的空投更加公平，资本

并不是决定社区贡献的最终因素，所以以太坊域名的空投也不会更偏向于富豪。同时，以太坊域名在空投时还为活跃用户增加了一个乘数，如果用户账户设置了反向解析，就会得到双倍的以太坊域名代币。以太坊域名代币持有者可以通过向以太坊域名根秘钥持有者申请的方式获得以太坊域名 DAO 的治理能力，任何提案都需要至少 10 万代币的支持才能进入投票环节。同时，投票的代币占总代币的 1% 以上，且在多数表示支持的情况下才能通过。

2. Flow 域名服务

Flow 域名服务（Flow Name Service，简称 Flowns）项目是在 2021 年 9 月由 Flow 社区开发者推出的 NFT 域名项目。在 Flow 域名服务项目中，任何人都可以进行 ".nft" 域名的一级注册和二级交易，将 Flow 域名服务当作 NFT 资产进行储存和转让。和其他域名服务商一样，Flow 域名服务也可以提供域名管理、子域名创建、地址信息维护、链上状态维护等服务。但是，由于 Flow 具有特殊的 Cadence 智能合约语言和面向资源的技术特性，Flow 域名服务可以提供除域名服务之外的更多服务。

Flow 域名可以接收 Flow 网络中任意类型的资产，包括同质化资产和非同质化资产，所以用户不必手动初始化不同类型的链上资产资源。此外，由于 Flow 资源的特性，用户可以随时续订，但不能销毁过期的域名资源，过期的域名只会被标注为不活动域名。如果一个域名过期未续费，Flow 域名会视其为可用，其他人就可以注册，此时 Flow 域名服务会给新注册者一个新的域名 NFT，原来的过期域名就会被标记为已弃用。

Flow 域名服务还支持多种根域名的发行与管理，不同的根域名可以设置不同的租用价格和最短租用时限，并且还提供企业级根域名服务。Flowns 鼓励第三方作为一级发行的服务方，设有根域名注册的推广激励，任何第三方都可以编写、发行提供注册服务的客户端来获得 Flowns 根域名的注册激励。[①]

三、NFT 基础设施

除了上述花样繁多的各类 NFT 应用，还有许多 NFT 项目聚焦于各类基础设施，很多基础设施会与 DeFi 和 DAO 结合，下面列举一些 NFT 基础设施项目。

1. X2Y2

X2Y2 是一个号称不收卖家售卖费，不收买家手续费的 NFT 交易平台。

2. Flow

Flow 是最火热的 NFT 公链之一，具有更安全、轻松的构建方式和更快的速度。目前多家 NFT 艺术平台、游戏都是基于 Flow 进行开发的。

---

① 参考自 https://www.flowns.org/zh/faq。

3. NFTfi

NFTfi 是一个点对点的 NFT 抵押借贷平台，放贷人对借款人抵押的 NFT 进行报价，并通过 DAI 等代币放款，而抵押的 NFT 会被锁定在 NFTfi 智能合约中。

4. Whale

Whale 是一个社交代币项目，玩家可以通过抵押稀缺的有形 NFT 获得 Whale 社交代币，这些代币会被保存在由 Whale DAO 管理的保险库中，同时，Whale 持有者也可以从保险库中购买或租用 NFT。

5. Rarible

Rarible 是首个以创作者为中心的 NFT 发行和交易平台。Rarible 发行自己的原生治理代币 RARI，用户可以使用这些代币进行 NFT 交易。

第五章

Web3.0 的组织范式：DAO

既然互联网在没有任何经济激励的情况下创建了维基百科，那就不要低估互联网创建 DAOs 的能力。

——杰西·瓦尔登（Jesse Walden）

第一节　DAO 的含义与特征

你能相信一家没有管理者的公司也能执行好各项决策吗？如果有一天，公司里所有的管理者都消失了，所有持有公司股票的员工需要聚集在一起，用投票去决定公司的未来发展，这样的场景是不是不可思议？但这样的场景，将是 Web3.0 中的常态，并通过 DAO 的形式实现。到底什么是 DAO 呢？本章将详细介绍 DAO 这一全新组织范式以及它在 Web3.0 时代的价值。

一、什么是DAO

DAO 是分布式自治组织的英文简称，有时也被称为 DAC（Decen-tralized Autonomous Cooperation，分布式自治公司），但因为这种组织范式并不局限于公司的运营场景中，所以 DAO 的称呼比 DAC 更加常用。DAO 是一个由计算机代码运行的组织，组织成员基于共同的信念、价值观，将组织运行管理规则写入区块链的智能合约中，由组织的发起方、代币的持有者等成员负责控制和监督组织的运营，从而实现分布式的自治化。

DAO 这一概念最初源于德国计算机科学家维尔纳·迪尔格（Werner Dilger）的一篇论文。他在论文中将 DAO 定义为"一个存在于未来物联网环境中且具有自我治理能力的自动化系统"。[1] 简单来说，他想象中的 DAO 是一个完全独立运行的数字系统，可以自动与其他不同的数字系统进行交互，实现多个系统的自我治理。这样的系统听上去似乎很合理，但是实际上很难脱离中心化的管理者来独立运行，如果把这一系统移植到现实生活中也同样会存在这个问题。

以共享单车为例，在理想情况下它应该就是一个 DAO：公司将自行车投放到马路上，用户看到后可以自行开锁、自行使用、自行付费、自行停放，停放在新的地方的自行车又会被新的用户所使用，整套系统似乎可以离开中心化的机构去运行。然而，现实并非如此，会出现非常多的问题，比如单车报废由谁来进行维修或回

---

[1] 参考自论文 "Decentralized Autonomous Organization of the Intelligent Home according to the Principle of the Immune System"。

收？如何设定用户可停放区域？当手机开锁的装置没有电时，谁来充电？谁来进行调度系统的升级换代？似乎这套系统无法离开中心化的机构进行管理运营，也无法做到自动化运行。

对于公司也是一样的，公司的各项规定都需要由中心化的机构来管理并确保执行，在最简易的管理模型中，这一中心化机构的代表就是首席执行官。随着公司的规模扩大，这种管理模型还会越来越复杂，比如首席执行官管理区域总监，区域总监管理部门主管，部门主管管理部门成员。一层层剥离下来，形成了一个复杂的公司架构。这套体系是中心化的、无法自治的，所以带来了一个最显著的问题——委托代理问题。

委托代理问题描述的是，这家公司是股东们的公司，负责管理公司的是首席执行官、总监、主管这样雇佣来的代理人，二者的利益目标并不一致，那么代理人就有可能做出有损于股东利益但有利于自己利益的事情。例如，首席执行官可能因为绩效和公司收入挂钩，通过透支公司现金流、使用极端杠杆来激进扩张，以求在任期内获得更高的绩效，但损害了公司长期发展的能力。除了委托代理外，在组织架构趋于复杂的同时，还会产生内部沟通不畅、组织创新能力降低、个体决策失误、内部利益勾结等一系列问题。

区块链智能合约的出现为解决这个问题提供了方案，并促成了DAO 的出现。因为智能合约中的执行条例一旦被写入，就会在不受任何人控制的情况下忠实执行，既实现了去中心化，又实现了自治。而通过多个智能合约写入组织的目标和管理运行的规则，就可以成立一个 DAO 了。为了更好地理解这一点，我们来对比一下传统公司的建立和 DAO 的建立。

建立一家传统公司需要完成三步：创建公司、资金注入、管理部署。

创建公司：去相关的管理机构登记注册公司，需要登记注册的信息可能包括注册资本、公司的经营范围、公司的管理章程等，在经过监管机构审批后即可成立。

资金注入：预先沟通好利益分配细节的股东向公司注入启动运营的初始资金，股东根据所占股份多少，拥有不同比例的公司重大事项投票权。

管理部署：创建人通常会担任重要的管理岗位，并招聘和安排各管理岗位，管理者将决定组织的未来。

而创建一个 DAO 也需要类似的三个步骤。

创建智能合约：开发人员需要设定好合约启动资金、合约运行范围、合约运行的详细规则。因为合约创建后就不能修改，测试人员必须对合约进行详细的测试和审查后方能上线成立合约。

资金注入：根据预先约定好的资金获得和实施治理的方式来募集资金和注入资金，通常通过出售发行的代币来进行募集，这些代币持有者根据持有的数量不同而拥有不同程度的 DAO 社区的治理投票权。

区块链部署：整个 DAO 需要部署到区块链上，一旦部署，创建者无法再影响这个组织，由所有利益相关者共同决定整个组织的未来。

通过这样简单的方式，一个 DAO 也就成立了。在 DAO 成立之后，项目的发起方还需要设计合适的去中心化治理模式以维持整个组织的可持续发展。去中心化治理模式通常分为链下治理和链上治理。链下治理讨论的是组织管理、参数设定等涉及面广泛但改动风险不大的问题，用户可以选择在各平台的社区、群组进行广泛讨论，部分 DAO 组织还可以让用户在官方指定的渠道发起提案。而链上治理主要是依靠发行代币，以及依靠治理代币投票，决定涉及协议变更等重要领域的决策事项。DAO 组织的治理是一个复杂且长期的过程，通常，一个 DAO 组织的项目方会选择在早期实行带有中心化成分的治理方式，逐步过渡到完全的去中心化治理，这些过渡性的治理方式可能包括：

- 链下治理为主，采用由项目方筛选链下社区的建议，并以此做出决策的中心化治理方式。
- 链下治理辅以链上治理投票，但是由项目方审计并执行投票结果。
- 完全依靠智能合约实现链上治理，但多数代币由项目方掌握，后期再逐步通过各种方式转移到用户手中。

总之，DAO 组织的创办以及治理、运营是一个长期的过程，目前各组织的治理形式也各不相同，一个相对成熟、稳定、可持续的治理模式还有待人们继续探索。

二、DAO 的特征

1. 去信任化

在传统公司中，整个管理机制很大程度上依赖于股东对管理层的信任。虽然管理者受到各种协议的约束，但因为管理者人品问题而导致的公司危机屡见不鲜。而 DAO 这种组织范式可以让组织"去信任化"运作，不需要依赖对于个体之间的信任，人们只需要"信任"代码就行，从而实现整个系统的"去信任化"。对代码的"信任"很容易建立，因为 DAO 的所有规则全都公开透明地写入代码中，任何人都能看到。虽然并不是人人都能读懂代码，但代码公开这件事本身，就证明这个投票规则里的问题能够被发现。在发布前，这些代码就进行了广泛的测试，并且 DAO 启动后采取的每一个动作都必须得到社区的批准，是完全透明和可验证的。当然，这样的公开体系也带来了一些问题，比如因为代码公开而使得整个系统更容易遭受黑客的攻击，但从长远的角度看，黑客的攻击加强了投票规则的容错性，更加强化了整个系统的"去信任化"。

2. 公平决策

DAO 中的所有决策都是通过投票的方式进行的，所以具有一定的公平性。所有利益相关者都能根据决策与自己相关性的大小，即代币拥有数量来进行投票，进而对整个组织的所有重大事项进行决策。即使在代币数量相对集中的情况下，也可能出现相对中心化的决策者，但相对于传统机构，这类决策者出现的概率已经极大地降低。此外，相对集中的决策权也会降低新用户购买代币的意愿，从而导致代币价值的下降，这一自然市场调控机制的存在约束了代币巨头的出现。在 DAO 中，除了重大事项的决策，内部纠纷通常可以通过投票系统轻松解决。

3. 架构灵活

DAO 的去中心化让公司能够一直维持扁平的架构，这也赋予了整体架构的灵活性，解决了很多复杂架构的公司存在的问题。例如，复杂的架构使公司上下信息传递不通畅，底层员工会受制于管理者的权威而不敢提出自己的想法，而简单的扁平架构让任何人都可以提出改进组织的创新想法，推动公司更好地发展。此外，公司的增员和减员也非常容易，不需要复杂的协议签订、开会决策或是业务定岗，只需要买入和卖出代币就行。每个人都可以按照自己的意志决定自己的角色，而一些重要岗位的任命也只需要社区投票选择即可。

同时，社区的架构改革也会变得容易。在传统公司，规则的改变势必牵涉到各个利益集团，以及上下游太多人力和物力资源的分配，因此执行起来特别麻烦。但在 DAO 中，得益于互联网和区块链等计算机技术，改进成为一件很方便的事情，架构的更改就只是在集体投票后简单地升级一个程序，这让 DAO 拥有了更充沛的发展活力。

第二节　DAO 的生态和发展趋势

一、DAO 的生态

1. DAO 生态的形成

纵观人类的发展历史，人类组织的形态一直在改变，从基于血缘展开活动的宗族部落，到封建经济时期等级森严的管理组织，再到在市场经济中互相竞争的公司主体等。组织形态的每一次进步都伴随着经济基础的发展以及发展中新问题的出现，DAO 生态的形成也同样避不开这个过程。

2013 年 9 月，丹尼尔·拉里默（Daniel Larimer）针对比特币的不合理支出，第一次提出了分布式组织公司的概念，这就是 Web3.0 时代 DAO 的雏形。2014 年 5 月 6 日，以太坊创始人维塔利克·布特林发表了一篇标题为《DAOs、DACs、DAs 等：不完整的术语指南》（*DAOs, DACs, DAs and More: An Incomplete Terminology Guide*）的文章，详细介绍了基于区块链的组织治理潜力。维塔利克在里面写道："DAO 的想法很容易描述：它是一个生活在互联网上并自主存在的实体，但也严重依赖雇佣个人来执行某些自动机本身无法完成的任务。"维塔利克声称，只要拥有了基于图灵完备的智能合约，DAO 一旦启动，能在没有人为管理行为的条件下，一直有序运行。但由于比特币不具备图灵完备性，即不能在上面编程，所以直到符合图灵完备要求的以太坊出现，DAO 才得以运行。

2016 年 6 月，区块链公司 Slock.it 打算在区块链上发起一个真正意义上的 DAO 组织，促进 DAO 模型从理论走向落地，于是便有了"The DAO"项目。The DAO 项目以众筹的方式吸引了 1.5 亿美元众筹资金，但立马被黑客入侵，被盗出了价值 5 000 万美元的加密货币。而以太坊最终在 7 月，通过硬分叉的方式，将被黑客导出的钱找回，但这段时间差也导致了以太坊同时存在 ETC 和 ETH 两种形式的以太币，其中，ETC 是最初诞生的以太币，ETH 是硬分叉后主流使用的以太币。

虽然 The DAO 项目造成了如此严重的后果，但却并未阻止 DAO 这一新兴组织形式的落地。后续各种基于不同的目标和价值观的 DAO 的出现，奠定了如今五彩缤纷的 DAO 生态。

2. DAO 生态的组成

如今，DAO 已经发展成为覆盖多个领域、多个组织类型的完整生态。DAO 生态主要分为两大类：DAO 操作系统和 DAO 应用类型。其中 DAO 应用类型包括目前常见的七类：协议型 DAO（Protocol DAO）、投资型 DAO（Investment DAO）、资助型 DAO（Grant DAO）、服务型 DAO（Service DAO）、社交型 DAO（Social DAO）、收藏型 DAO（Collector DAO）与媒体型 DAO（Media DAO）。[①] 每个类型的 DAO 都有着其自身的作用（图 5-1）。

---

① 参考自 https://coopahtroopa.mirror.xyz/_EDyn4cs9tDoOxNGZLfKL7JjLo5rGkkEfRa_a-6VEWw。

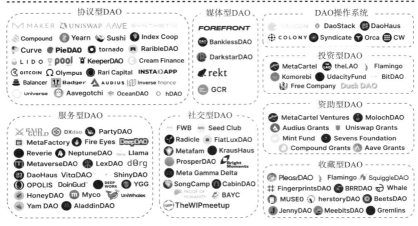

图 5-1　DAO 的全景分类图谱

资料来源：https://coopahtroopa.mirror.xyz/_EDyn4cs9tDoOxNGZLfKL7JjLo5rGkkEfRa_a-6VEWw

- DAO 操作系统：为想要创建 DAO 的社区提供模板、框架和不同的工具，来帮助社区用有限的技术轻松建立一个 DAO 组织。

- 协议型 DAO：为各类协议提供一个组织框架，以确保项目按社区希望的方式发行和运营代币。

- 投资型 DAO：类比现实中早期公司的投资机构，投资型 DAO 允许成员集中资金并投资于 Web3.0 领域的早期项目，获取项目成长带来的财务回报。

- 资助型 DAO：类似于投资型 DAO，但与之不同的是，资助型 DAO 注入资金但并不一定要求获得财务回报。

- 服务型 DAO：随着 Web3.0 领域项目的增多，人才供给成为很多项目发展的瓶颈，服务型 DAO 为这些项目提供相关的人才供给，并关注 Web3.0 人才市场的就业情况。

- 社交型 DAO：聚焦于人际关系和社会资本的社区，帮助

Web3.0 领域志趣相投的人互相结识，并展开各类社交活动。

- 收藏型 DAO：各种类型的 NFT 项目都有着一群喜爱它们的人，收藏型 DAO 会聚集一群热衷于收藏某一 NFT 的人，运用群众的智慧和影响力赋予 NFT 项目持久的生命力。

- 媒体型 DAO：提供一个 Web3.0 领域信息传播的渠道，由成员决定各类信息传播流量的分配。

除了上述类型的 DAO，还有支持 DAO 社区管理和投票运行的各种 DAO 工具，例如链下投票平台 Snapshot、用于讨论社区治理的论坛 Discourse、用于跟踪不同链上投票情况的仪表盘 Tally、去中心化代币资产管理平台 Gnosis Safe，等等。随着时代的进步，相信在不远的将来，更多类型的 DAO 也将不断涌现。

二、DAO 的发展趋势

1. 类型场景的多样化

社会上会不断出现具有全新技术基础或商业模式的公司，最终塑造成全新的行业赛道，DAO 的发展也是如此。在未来的演化中，DAO 的类型和应用场景会不断丰富。一方面，伴随着技术的进步和治理理念的发展，原来现实场景或 Web2.0 领域难以演化出 DAO 的领域会诞生出符合 DAO 这一范式的组织；另一方面，原先 DAO 类型赛道上的细分会愈加精细化。例如，随着更多 NFT 种类的推出，收藏型 DAO 可能会分化出针对不同形态的收藏品，甚至针对不同角色 IP 的 DAO 组织。

2. 组织形态的轻便化

对于一个 DAO，我们可以通过链下和链上、社区性和利益性去划分一个组织形态的轻重。一个 DAO 越注重链下治理，越强调社区性的创建，则组织形态越轻便。这样的 DAO 更加强调成员一致性的价值观，通过积极的社区讨论和良好的社区氛围增强社区的归属感，社区成员更关注实现共同的目标而非从中攫取利润。而强调链上治理、利益性划分的 DAO 的组织形态更加繁重，这类 DAO 通常规模巨大，用于支持需要高昂成本运转的项目。正因为机制复杂，涉及的利益相关方众多，容错性低，这类项目需要大量严密的链上协议去约束系统的运转，并通过合理的利益分配机制去调动各方面资源来完成项目落实。虽然这两种形式各有利弊，但是随着整个 DAO 生态的发展和基础设施的完善，越来越多新诞生的 DAO 会以更轻量的形式出现。

3. 治理与监管的规范化

在治理方面，DAO 的公平性和组织激励需要在发展中逐渐走向成熟，既要提高成员的参与度和响应速度，又要避免产生寡头。所以在未来的发展中，公平、透明的决策流程体系的建立以及去中心化的治理是 DAO 继续进步的方向。而在监管方面，尽管有像美国怀俄明州这样已通过 DAO 相关立法议案的区域，但整体而言，DAO 在世界范围内尚未获得主体认可，目前主流的治理代币是否算作证券依然没有明确。随着 DAO 的发展，其法律地位的明确和风险的管控也必然会趋向完善。

第三节　DAO 的风险和监管

一、DAO 的风险

DAO 的透明公开、去中心化以及全自动化的特点固然为它提供了传统公司类型的组织中所不具备的优势，但这些优势的另一面就是 DAO 这种组织形式的风险。

1. 趋于中心化的风险

DAO 的规则是通过去中心化的投票方式来保证组织内重大事项决策的公平性。但任何一个组织中总会有不活跃、不愿意投票的组织成员。不论是因为成员持有的代币数量较少，没有足够的投票权重，还是他们单纯地不愿意参与组织管理事务，去中心化组织治理中一旦出现较多的非活跃成员，就必然会导致投票权向着较大持币者，即持有更多代币的成员集中。而投票权过于集中的话，DAO 去中心化的特点也就会随之削减，而变得更加中心化。

2. 法律权益冲突

现行法律还没有明确 DAO 这类组织形式的法律地位。而部分 DAO 模式的项目已被美国证券交易监督委员会视为非法提供的未经注册的证券。DAO 在没有合法状态的情况下，也可以在功能上作为一种无限责任的公司，这意味着，对于参与者来说，可能会存在潜在的无限连带的法律责任。在此基础上，各个 DAO 的知名参与者、致力于在 DAO 和金融系统监管中沟通的个人及组织，都可能成为监管执法或民事行动的针对性目标。从本质上来说，DAO 本身并没有办公地点、董事会成员或者员工，在现行法律体系下无法作为法律意义上的实体。不过，在某些司法管辖区，DAO 具有合伙制的法律效力，或作为集体投资的一种形式。但不管属于哪种情况，法院都不会将其视为拥有独立自主法律身份的法律实体。尽管存在智能合约，法院仍可能判决由 DAO 的参与者或开发者直接承担责任。

3. 合约安全问题

DAO 的特点之一是其"去信任化"的机制，这一机制是通过智能合约及其公开的源代码来确保的。然而，正因为代码的公开性，任何人都可以研究代码并寻找其中的漏洞，这也导致 DAO 项目在成立初期规则迭代不完善的情况下很容易遭受黑客攻击，从而引发合约的安全问题。The DAO 项目资金池被盗窃，ETH 和 ETC 发生分叉就是最典型的例子。

二、DAO 的监管

DAO 本身的模式具有集体投资结构、合伙制、风险投资基金及众筹平台的特点。这一模式本身有助于促进全球范围内的经济合作并实现风险和利润共享。但传统公司模式最初是为了使投资人承担有限责任而产生的，而 DAO 没有中心化管理的"自治"，脱离了传统金融机构的监管模式，反而很有可能带来更严格监管的需求。接下来将详细介绍一些与 DAO 相关的政府监管措施。

1. 美国证券交易监督委员会的声明

2018 年 3 月 7 日，美国证券交易监督委员会发布了《关于数字资产在线交易平台涉嫌违法的声明》。声明中重点关注了用于购买首次代币发行所提供和销售的加密货币及代币的在线交易平台（从广义上来说，DAO 也属于这类平台）。美国证券交易监督委员会警告投资者，一些在线交易平台可能未在美国证券交易监督委员会注册，因此可能缺乏投资者保护和美国证券交易监督委员会的监督。此外，如果一个平台被认定发售具有证券性质的代币，但并未进行注册，这可能会导致参与者遭到联邦证券法的严厉处罚。

根据美国证券监管相关法案，证券的定义深远而广泛，而被视为证券的投资合同可以采取多种形式。美国法院的结论是，无论投资者的利益是否由正式的股票凭证体现，任何在推广人或第三方努力下达成的以盈利为目的的普通企业的现金或其他资产投资安排都属于投资合同。这个结论的关键点在于"该计划是否涉及在一个普通企业中进行现金投资，并且利润完全来自他人的努力"。

考虑到这种宽泛的证券定义以及 2017 年流入区块链开发的资金量，美国证券交易监督委员会继续积极审查某些加密货币相关活动和资产是否是联邦证券法所称的证券或会产生此类证券，并在最后得出结论：美国证券交易监督委员会认定 DAO 代币是证券。做出这一判断的理由主要有以下三点。

- 作为营利性实体的 DAO 通过出售 DAO 代币进行了项目融资。
- DAO 代币持有人预期可以将这些项目的收益作为投资回报进行分享。
- 持有人能够在各种数字平台的二级市场交易 DAO 代币。

结果，未来代币简单协议（Simple Agreement for Future Tokens，简称 SAFT）开始得到使用。这些初始协议通常以其他类型创业公司使用的未来股权简单协议为蓝本。随后出现了更为精细的版本，以及一份深入探讨区块链相关产品特有法律问题的白皮书。协议中规定，开发商和投资者需要订立传统的书面合同，用现在的现金交换未来获得的代币权利，并需要提交美国证券交易监督委员会所要求的表格。

这一系列措施可能导致各种形式的代币将在美国承担联邦证券法律和法规所规定的重要合规义务并遵守过户要求。而且，与之相关的特定首次代币发行或未来代币简单协议产品都会受到监管，这些都很大程度上影响了投资者对于 DAO 的信心。

2. 美国的 DAO 法案

在美国证券交易监督委员会的声明之后，《怀俄明州分布式自治组织补充法案》（简称 DAO 法案）于 2021 年 4 月 21 日经美国怀俄明州议会正式批准且通过州长签署，并于 2021 年 7 月 1 日正式生效。DAO 法案的通过意味着 DAO 作为一种组织形式，其法律地位在美国得到认可，并且明确了它在成立、治理、成员权利义务等方面的法律适用性。DAO 法案也相对详细地规定了智能合约在 DAO 治理中的角色以及能力。

美国证券交易监督委员会明确指出基于 DAO 这一组织形式发行的代币属于美国《1933 年证券法》及《1934 年证券交易法》中的"证券"。美国从证券监管的角度表明了监管当局对于 DAO 的态度。但是如何进一步用法律来监管 DAO 的问题并没有得到解决。怀俄明州本次出台的 DAO 法案则开创了 DAO 的法律监管的先河，也为其他州的立法提供了一个范本。

DAO 法案将 DAO 组织定义为一种有限责任公司。法案中指出，除 DAO 法案或州务卿另有规定外，《怀俄明州有限责任公司法》适用于 DAO。而这一规定表明 DAO 在怀俄明州属于一种合法组织形式，并拥有其对应的法律地位。相比于其他传统组织形式，DAO 的组织模式与有限责任公司更加相似。将 DAO 视作有限责任公司，而又针对 DAO 的特点做出了特别规范，是有利于公众的理解以及后续法律的实施的。

法案中进一步明确，为使公众将 DAO 区别于传统的有限责任公司，DAO 必须在其名称中注明 "DAO" "LAO" 或 "DAO LLC"

等字样。并且，DAO 也必须在组织章程中说明该组织是 DAO，并指出其成员权利与其他有限责任公司的成员权利存在重大区别。

DAO 法案的出台，对基于 Web3.0 的新兴组织形式必然会产生积极的影响。DAO 作为一种组织形式已经被越来越多的人所接触及参与。怀俄明州 DAO 法案的出台让公众不再惧怕美国证券交易监督委员会将 DAO 的代币视作证券后可能导致的监管风险，反而明确了 DAO 的运转有其适用法律，而承担的风险也是有所保障的。各国对于 DAO 的监管都在探索之中，而这最终也会有助于 DAO 的良性发展。

3. 中国对 DAO 的监管

国内严格限制加密货币的交易，因此国内暂无真正意义上的 DAO 组织，也暂时没有出台 DAO 领域相关法律法规的必要。但在不久的将来，Web3.0 时代真的全面降临时，另一种形式的 DAO 组织可能会在中国出现，预先考虑可行的监管方向具有一定的必要性。由于 DAO 本身并没有传统公司中董事会、监事会和高管的角色，其运作完全依靠链上的 "智能合约"，即通过计算机代码让组织自动运作。为了保障广大人民群众的利益，这些代码在上线时应该经过相关监管机构的审查，以确保这些代码的安全性。这些代码中因为设置了收益分配方式、决策方式等重要的组织运作规则，因此需要有相关法律框架去约束规则设定和已有法律的相容性。此外，法律责任承担主体的规定和有限责任的明确同样是一大难题。总之，当 DAO 真正作为一种普遍适用的组织范式被引入中国时，还有待监管机构做出更多研究来维护人民群众的合法利益。

第四节　DAO 操作系统

操作系统是创建一个 DAO 项目的基础，它可以为 DAO 项目提供不同的模板和工具，让有需求的人可以很方便地创建他们自己的 DAO。这些操作系统一般也会提供智能合约和接口，来推动 DAO 的链上管理。本节以经典的 Aragon 和 Moloch 操作系统为例，详细介绍 DAO 操作系统的运作原理。

一、自由框架模式的 DAO 操作系统：Aragon

Aragon 创立于 2016 年，系统部署在以太坊上，可以为任意组织提供无门槛的一站式创建 DAO 的平台（图 5-2）。Aragon 提供了一套模块化的治理框架，目前被超过 1 700 个项目使用。

在 Aragon 中，任何想要创建 DAO 的发起人只需要进行三个步骤的操作。

（1）根据未来要使用的功能选定模板。

（2）设定社区投票的相关参数（参与投票的代币数、通过率、投票时间等）。

（3）配置智能合约发行的代币名称、持有人地址等参数。

完成这三个步骤后，就可以完成一个 DAO 的快速部署。若创立的 DAO 本身未发行代币，创建者和参与者也可购买 Aragon 的代币 ANT 来实现成员身份的确认。

图 5-2　Aragon 官网界面

资料来源：https://aragon.org/

针对创建协议之后的社区治理工作，Aragon 的标准治理框架还给出了 2 个核心功能模块：基于代币的法定人数投票模块和争议解决模块。这两个功能模块均围绕通过治理代币进行投票决策展开，但相较其他治理模式并没有提供一种治理协调机制。

在 Aragon 框架内，一个标准的决策流程如下。

（1）拥有组织指定治理代币的成员可以进行提案并发起投票。

（2）投票会调起智能合约，检查投票地址代币数量，并根据投票设置参数确认投票。

（3）投票确认后，成员在投票时将调起合约进行签名，并支付网络 Gas 费。

（4）投票通过后，根据投票的相关时间参数设置，在缓冲期结束后执行提案。

Aragon 创立之后，针对原先操作系统版本上的问题进行了升级，在全新的版本中，对 DAO 决策流程的提效减费、争议解决方面做出了改进，但仍没改变其基础治理结构，目前正分阶段上线，其治理架构调整为：协议层、治理层以及多用户界面。

Aragon 作为最早期的 DAO 操作系统，提供了一种以投票决策为核心、较简约的治理框架。其优势在于相对标准化，便于组织构建者和治理参与者理解，实现最小可用，并基于法定人数的决策投票在现实生活的民主投票中通过检验。但是，Aragon 同时也存在以下一些问题。

- 缺乏协调机制：任何持有代币的人都可以发起提案，影响治理中的注意力和参与者的参与度。
- 公平性问题：基于代币的法定人数决策，或 1 币 1 票，意味着"大股东"有更大话语权，且易造成投票攻击，影响投票质量。
- 链上成本：每次投票都要交网络费用，影响用户参与度。

后续诞生的一系列 DAO 操作系统对这些缺陷进行了一定改进。

二、最小可行模式的 DAO 操作系统：Moloch

Moloch 于 2019 年 2 月部署在以太坊上，希望为以太坊基础设施建设项目进行众筹及资金分配，解决开发者和项目方由于缺乏激励而不做出充分贡献的问题，目前以培育 Web3.0 生态为长期目标。

自上线以来，Moloch 已出现了一百多个采用其治理框架的项目，包括 MetaCaretel、DAOhaus 等。

在最初的版本中，Moloch 采用了一种非常简约的设计，通过 3 条核心规则，仅利用 400 行代码就能完成治理，这种简约的模式似乎正成为 DAO 的一种新范式——实现最小可用的 DAO，而这 3 条核心规则都用游戏世界里的词汇进行表述。3 条核心规则如下。[①]

- 公会银行（Guid Bank）：这是一种准入机制，每一个想加入公会银行的人都需要像在游戏中加入公会一样，缴纳一笔资金，资金被锁在 DAO 的智能合约中。公会的贡献者能够根据他的贡献，通过投票来决定如何使用这笔资金。
- 召唤（Summoning）：这是另一种准入机制，类似于邀请制。任何想要加入 DAO 的人，都需要找一名组织成员进行邀请，并提交一份提案，让成员投票新增成员。除了召唤申请之外，现任成员也可以提出资助一个项目的申请案。
- 怒退（Rage Quit）：每一个公会成员都可以销毁自己拥有的股份，收回在公会银行里等比例的资金来退出公会。

2020 年，Moloch 团队将原来的产品升级到 v2 版本，并新增了多代币系统，支持的代币扩展至了 ERC-20 系列，并更新了治理机制。Moloch 发展至今出现了许多高级的治理框架。从整体上看，

---

① 参考自 https://daohaus.club/docs/users/summon。

Moloch v2 的治理框架较 v1 版本具有如下优点。

- 加入了惩罚机制：当出现作恶的社区成员时，可以采用公会踢（Guild Kick）机制，将成员的所有股份全部转化为战利品，在保留其经济权益的情况下收回他的投票权。或者采用怒踢（Rage Kick）机制，社区成员可以强制执行并烧毁作恶成员所有股份和战利品，将他们的比例股份返还给公会。
- 开放程度提升：除了引入了多代币机制，拆分了资助型和投资型的 DAO，还拓展了社区权益的范围。在提案权方面，采用了开放式提案的方式，让 DAO 以外的成员也可以参与提案。而在经济权益和投票权方面，引入了战利品的奖励，拥有这类所有权的用户只会获得战利品股份的经济奖励，而不具有任何投票权利。

虽然 Moloch 引入了很多新的机制，但从实施角度上看，用 Moloch 创建一个 DAO 依旧是简洁的，只需要设置一些基本参数就可以完成一个 DAO 组织的设立，即"召唤一个 DAO"。这些参数包括主要代币、一天最大提案数量、提案开放投票的时间、提案执行的缓冲期、提案存款和提案奖励。不过需要注意的是，DAO 组织里至少需要一名"召唤师"，必须有人拥有一定的投票权才能启动。在默认情况下，DAO 会将创建者的地址添加为具有 1 个股份的"召唤师"，最多可以将自己的股份修改为 50。

在这样简单的最小可用机制下，Moloch 成为除了 Aragon 又一个被广泛使用的 DAO 操作系统。

三、其他DAO操作系统

Aragon 和 Moloch 是 DAO 操作系统中较为广泛使用的两个系统，随着 DAO 的发展，Colony、Syndicate、DAOstack 等操作系统也因不同的优势进入市场。不断涌现、不断更新的各个操作系统为 DAO 的创建者们提供了可以轻松开始 DAO 项目的工具。我们更有理由相信，DAO 的治理模式会随着各个操作系统的治理模式的演变更新而有着更为良性的成长。

1. Colony

2014 年，Colony 由杰克·罗斯（Jack du Rose）在以太坊上创立（图 5-3）。杰克起初希望建立一种激励机制，可以有效协调某一个产业链路上所有的利益相关体，让每个人都参与其中，共同协作。早期的 Colony 成员间对 DAO 有着不同的理解，但他们一致的目标是让 Colony 去适应创建更广泛的社区，帮助紧密合作的团队完成更多的工作。Colony 随后开展了对公司理论、组织架构、声誉系统等理论知识的研究。

2016 年 7 月，Colony 进行了第一次升级。2017 年 2 月，Colony 发布了测试版本，但由于当年的加密融资泡沫，Colony 逐步减少了动作，直到 2019 年 12 月，随着 DAO 的兴起，Colony 团队重启了社区 Discord。最终于 2020 年 3 月，团队对外公布新版技术白皮书 V.11，明确了 DAO 的各种组件、设计和交互规则，确认了 Colony 作为 DAO 操作系统的定位，让用户可以在 90 秒内创建一个 DAO。

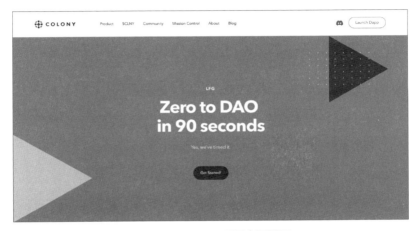

图 5-3 Colony 项目官网界面

资料来源：https://colony.io/product

　　Colony 为用户提供了 DAO 需要的一系列基础设施，而相较于其他 DAO 操作系统，Colony 独创了声誉系统和懒惰共识两大机制，显著改善了用户的使用体验。

　　（1）声誉系统

　　声誉系统为组织内的贡献者提供了显性的声誉计量，能够让其他用户直观地看到某个用户在不同领域内经过计算的声誉，综合该用户获得资金的能力，共同组成个人的链上声誉。声誉可以作为决策层级的依据。

　　（2）懒惰共识机制

　　投票同样是 Colony 发现的大部分 DAO 在治理层面的问题。很多时候大家对某一项治理决策并没有分歧，但是治理上的要求却催促着大家不断投票，浪费时间和精力。而懒惰共识机制则默认了大家对于某一提议是同意的，在安全延迟时间内没有人提出异议，那么这个提议就会自动通过。

Colony 作为一家早期的 DAO 操作系统，其团队对于 DAO 的理解是伴随着 DAO 热度的上升而不断进步的，他们对用户的使用细节进行更深入的探查，使得 Colony 能针对这些问题做出更多改善。声誉系统的提出让更多的 DAO 看到了组织治理中避免陷入大公司困境的可能出路。到如今，像 Colony 这样更完善的 DAO 基础设施必然会进一步促进 DAO 的发展。

2. Syndicate

Syndicate 成立于 2021 年 1 月，获得了 IDEO CoLab Ventures 公司领投的种子轮投资，而后在 2021 年 8 月完成了由 a16z 领投的 2 000 万美元 A 轮融资。如果说其他操作系统致力于整个 DAO 项目的基础设施建设，那么 Syndicate 自创立之初就希望为投资型项目提供支持（图 5-4）。

图 5-4　Syndicate 官网界面

资料来源：https://syndicate.io

Syndicate 作为细分 DAO 项目领域操作系统的代表，向人们展示了每个领域不同的痛点和各个领域亟须提高的基础设施，Web3.0 时代的 DAO 也因此发展得更为全面。

3. DAOstack

DAOstack 由马坦・费尔德（Matan Field）于 2017 年 12 月 1 日在以色列创建，并于 2018 年 1 月 30 日获得了 NFX 公司的种子轮投资，发行代币 GEN。低效的组织模式和高昂的运行成本是马坦・费尔德所认为现在组织共同存在的问题，而 Web3.0 时代下的 DAO 则能够趋于完美地解决这两个问题。于是 DAOstack 作为一个提倡去中心化监管的开源操作系统出现了。

DAOstack 由多个组件组成，这些组件之间彼此协作，创建了一个各种 DAO 可以运行的完整框架（图 5-5）。DAOstack 的投票系统是最大亮点，为了提高 DAO 组织的扩展性，DAOstack 设计了没有法定投票人数、基于相对大多数原则和注意力货币化的投票系统。相较于传统操作系统中需要满足法定投票人数的投票，基于相对大多数原则使得用户在投票时有着更高的自由和灵活度。而注意力货币化则进一步允许用户通过质押代币来推动提议的进展，让本就灵活的治理模式变得更加高效。

与此同时，马坦所带领的 DAOstack 团队更加注重软件开发经验，团队的 7 个人都拥有一定软件开发经验，这也使得 DAOstack 更加注重低代码的开发，开源的模板和模块库会吸引很多第三方开发者来使用 DAOstack 开发，进一步丰富模板和模块库。DAOstack

希望在将来，用户可以不再需要开发背景就能实现"一键创 DAO"。

DAOs	社区层，DAO用户创建的各类DAO。
Dapps	用户交互层，用于创建与DAO交互的DApp，包括Alchemy和DAOcreator。
ArcGraph	应用的捕捉层，基于The Graph协议的去中心化后台数据库。
ArcHives	DAO、治理模型和链上身份与DApp交互的注册中心。
Arc	Arc是DAO产生区块和任意类型DAO所需的标准组件的注册表。
Infra	去中心化决策的基础层组件，包含投票机制，DAOstack的声誉系统等。

图 5-5　DAOstack 的层级框架

资料来源：https://DAOstack.io

马坦说："设计 DAOstack 的首要目的不是构建一个特定的协议或创建一个特定的应用程序，而是要培育土壤，使得整个生态系统可以从中茁壮成长。"这正是 DAOstack 现在在做的事情。

第五节　DAO 七大应用类型

正如作为传统组织模式的公司有着不同的行业划分，DAO 的项目也有不同的类型，而不同的项目也满足了人们对于适合自己的 DAO 的需求。本节将介绍七种不同类型的 DAO 项目。

一、协议型 DAO

在前文中，我们提到了很多诸如 Maker、Uniswap、Compound 这样的协议。然而，这些协议被创建之初，其决策权被掌握在初始开发团队的手中，这与 Web3.0 "将权利还给用户"的思想相互背离。协议型 DAO 就提供了一种将权利由协议开发团队转移到用户手中的组织形式，用户可以自行提案，自行表决投票，决定协议的发展方向。

协议型 DAO 通常会引入一些具有二级市场价值的可转让代币，代币持有者有权提出想法、投票和实现对网络的更改。通常，协议会基于用户的使用量和贡献来发放治理代币，赋予用户相应的投票权。满足一定要求的用户都可以提出改进协议的提案，而所有代币持有者可以投票决定开发人员是否应该推进该提案，代币拥有的数量决定了投票时的权重。

MakerDAO 就是协议 DAO 的代表性案例。MakerDAO 于 2014 年在以太坊区块链上创建，最初由 Maker 基金会进行主导，而现在，整个 Maker 生态中的应用既有 Maker 基金会出品的应用，也有 Maker 社区出品的应用。Maker 基金会出品的应用主要包括 MakerDAO 治理应用和 MakerDAO 迁移应用。MakerDAO 治理应用是可以支撑代币持有者针对协议修改、发展的投票活动，而 MakerDAO 迁移应用允许用户将 DAI 和抵押债务仓位迁移到新版本之中。Maker 社区出品的应用包含了获取 DAI、使用 DAI、存储 DAI、接收 DAI 的应用以及相关 DeFi 协议和相关游戏。同时，整个社区还拥有自己的博客、聊天室和论坛。

除了发行去中心化稳定币 DAI 之外，MakerDAO 还发行了叫作 MKR 的治理代币，让所有人都能够参与到 Maker 项目的治理当中。此外，人们还可以选择和 Maker 签订协议，成为治理服务提供商来向 MakerDAO 提供特定的服务类型。这些服务商被划分为不同的角色，例如，治理协调员会负责主持沟通和治理流程；风险团队成员会通过金融风险研究和起草提案来支持 Maker 治理。而整个治理系统包括两个部分：治理投票和执行投票。

1. 治理投票

治理投票的体系设计包括两个部分：链下治理和链上治理。链下治理主要搜集社区内反馈的信息来辅助链上的投票和非投票的治理决策。任何人都可以创建一个"论坛信号线程"来征集目前有关一些话题的共识，这些话题可以是对于 MakerDAO 生态系统建设和改进的看法，也可以是目前遇到的问题。如果论坛信号线程活跃了一段时间并拥有足够多的社区成员参与投票，线程的创建者就可以选择向治理协调者发送上链，进行治理投票环节。

链上的治理投票除了可以用于表决链下社区发送的提案外，还可以由 MKR 代币持有者直接链上发起，这些提案通常是与技术协议无关的一些话题，主要包括 DAO 治理工作流程、社区目标共识、对于执行投票提案的看法、系统参数设置、批准风险团队成员提出的新抵押品类型的风险参数等。各个提案持续的时间各不相同，通常是 3 天或 7 天，待时间结束后投票数多的方案将被实施（这里的投票数指的是投入的 MKR 代币数量，而与投票者的数量无关）。

2. 执行投票

执行投票主要发生在链上，通常是对一组修改 Maker 协议智能合约的提案进行投票，如添加修改抵押品类型、调整全局系统参数、替换模块化的智能合约等。此外，与治理投票不同的是，执行投票会采取一种"连续批准投票"机制，即随时都可以引入竞争性提案。任何新提案想要通过并实施，其投票数必须超过旧的成功提案的票数，通过的提案将持续保留，等待后续更高票数的提案超过后进行替换。这样的机制可以避免糟糕的提案被实施到系统中，提案的人数越多，系统也就越安全，整个系统也能不断迭代，持续焕发生命力。

作为很早成立的协议型 DAO 组织，MakerDAO 已经通过转移治理代币，基本上将协议的管理完整地交付给了 DAO 组织。而作为治理的经典案例，Uniswap 等后来者也纷纷效仿建立类似机制以维持协议社区的治理。未来这种协议型 DAO 的模式将成为 DAO 的主流。

二、投资型 DAO

各种各样的 DAO 引入了各种各样的代币，这些代币因为能赋予不同项目投票权而具备了一定的投资价值，一些团体开始联合起来对这些代币进行投资，产生了聚焦于代币投资的投资型DAO。类似于一些风投机构，投资型DAO允许成员集中资金，并用于各类Web3.0项目的投资。但不同的是，区别于依赖于投资委员会（Investment Committee，简称IC）的中心化决策，投资型DAO的投资决策是由全体代币持有者一起做出的。这样的形式使参与者对于投资标的拥有更高的透明度和自主权，而这样基于集体共识的投资方式也同样有利于Web3.0生态中优秀早期项目的生长。

投资型DAO中最典型的项目是BitDAO，据其官网宣传，目前，BitDAO拥有数十亿美元的现有资产以及数十亿美元的预测贡献。BitDAO采用治理代币BIT，代币持有者可以通过投票决定是否通过一些与投资Web3.0领域项目及项目实体有关的提案，这些提案包括：

- 与有潜力的早期项目进行代币互换。
- 以投资、提供流动性或赠款形式将资金提供给项目或项目的自治实体。
- BitDAO自身协议的更新，包括治理、资产管理等多个方面。

BitDAO的这些投资动作会促进整体生态的成长，包括BitDAO底层机制的改进、合作方的代币增长、更多合作方参与到BitDAO生态中并注入更多资金等。这些都将促进BitDAO资金的增长，并继续反哺到Web3.0领域的投资中，最终形成一个良性的生态循环（图5-6）。

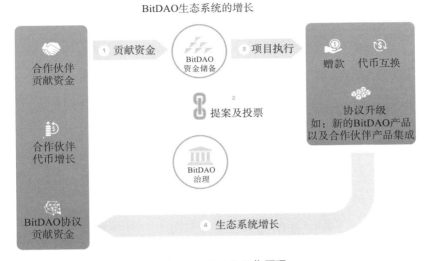

图 5-6　BitDAO 工作原理

资料来源：https://www.bitdao.io/

　　BitDAO 的治理分为两个阶段，在第一阶段中，BitDAO 构建了一些最基本的治理元素，并主要采用链下治理的方式，这些元素包括：

- 安全库：一个智能合约地址，用于存储 BitDAO 的所有加密资产。

- 链下投票聚合平台：采用软治理的方式，投票通过的方案不会自动实行，而是需要等待开发运营团队确认后加以实施。

- 治理代币 BIT：这个代币是前面介绍过的 Compound 项目中 COMP 的一个实例，主要用于支持委托投票和链下治理。

- 治理讨论：BitDAO 在 Discord 和自有论坛上都设置了专门的提案频道，用户可以讨论各种提案想法并发起民意调查。

- 委托投票：代币持有者在投票前都需要将自己的投票权委托给一个钱包地址，这个地址可以是投票人自己的，也可以是其他人的。

在第二阶段，BitDAO 将强化代币 BIT 持有者的权利，逐步由链下治理转向链上治理，同时兼顾安全性、参与度、流程效率等多个因素。这个阶段尚处在建设中，需要增加的功能包括可升级的智能合约、链上提案和投票、可控制的 BitDAO 治理参数等。

除了最经典的 BitDAO 项目，比较知名的投资型 DAO 项目还有 The LAO、Neptune、MetaCartel 等。

三、资助型 DAO

资助型 DAO 是指成员们汇集资金的主要目标并不是获取投资收益，而是赠予部署的基金来促进生态的发展。如果说投资型 DAO 对应传统的以营利为目的投资机构，那么资助型 DAO 则是以发展 Web3.0 整体生态为目标的非营利机构。资助型 DAO 旨在推进更广阔的生态系统，它支持有前途的项目，并通过资助为新的 Web3.0 贡献者开辟道路。资助型 DAO 受社会资本而不是金融回报驱动，通过社区捐赠资金，并以治理提案的形式将这笔资金分配给 DAO 中的各个贡献者。

Gitcoin 是这种模式的先驱，Gitcoin 的官网将自己描述为一个由建设者、创造者和协议组成的社群，所有人聚集在一起，致力于发展 Web3.0 的未来（图 5-7）。这个社群包括一些支持 Web3.0 项目发展的基础设施，包括工具、技术和网络，并为一些关键的开源基础设施项目提供资助，否则这些项目可能难以获得开发资金。

图 5-7　Gitcoin 官网界面

资料来源：https://gitcoin.co/

Gitcoin 由凯文·奥沃茨基（Kevin Owocki）在 2017 年创立，并于 2021 年 5 月下旬推出治理代币 GTC。Gitcoin 目前已经进行了 13 轮次的资助。截至 2021 年 6 月，Gitcoin 为开源项目提供了超过 2 000 万美元的资金，每月有超过 160 000 名活跃的开发人员和超过 1 600 个创建的项目。Gitcoin 有许多有趣的治理制度，包括：

- 代表制度：社区可以招募代表来代替社区投票，通过这种方式可以提高社区的参与度，但同时代表还需要承担平台日常的一些监管责任。

- 工作流：在 Gitcoin 中每个工作流都可以看作一个子 DAO，它们都有独立的预算、管理结构和流程规定（图 5-8）。

- 二次方投票：为一个项目资助投 1 票只需要 1 个 Token，投 2 票需要 4 个 Token，投 3 票需要 9 个 Token，投票的 Token 数按照二次方累进，通过这种方式可以平衡代币高比例持有者和低比例持有者的投票权利，但需要严格的身份认证机制保证其实施。目前，Gitcoin 采用了去中心化身份技术、绑定社交账号等多种措施去维护投票的公平性。

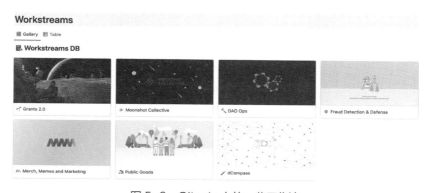

图 5-8　Gitcoin 上的一些工作流

资料来源：https://gitcoin.notion.site/gitcoin/GitcoinDAO-22431fe7c9794d99986a028c23ce56b5

除了像 Gitcoin 一样独立运行的资助型 DAO，许多像 Uniswap、Compound 和 Aave 这样的协议型 DAO，同样会设立用于资助有潜力项目的子模块，作为资助型 DAO 运作。

四、服务型 DAO

在如今的互联网上，既存在百度众包、猪八戒这样的任务众包

平台，也有 BOSS 直聘、实习僧这样的人力招聘平台。在 Web3.0
时代，我们同样需要很多服务机构来为人才需求方和人才提供方
搭建平台，这就是服务型 DAO。随着各种代币的出现，各个项目
也增加了对人才的需求，服务型 DAO 可以通过链上签约帮助这些
项目完成人才资源的分配工作。需要人才服务的发布方可以在服
务型 DAO 上发布任务和奖金，而任务完成者在扣除掉缴纳给服
务型 DAO 的手续费后，可以收到剩余奖金以及 DAO 组织的治理
代币。

以 RaidGuild 为例。无论是 RaidGuild 的 logo 还是官网，都采用
了类似奇幻世界冒险风格的设计，并以"一个分散的雇佣兵集体，
准备消灭你的 Web3.0 产品恶魔"作为自己的社区标语（图 5-9）。
RaidGuild 通过 MetaCartel 网络，召集了 Web3.0 领域的各种精英，
主要提供以下 4 种类型的服务。

- 咨询：针对 Web3.0 产品的想法提供咨询建议，包括如何创建、
  发展各类产品。
- 设计：调整产品设计细节，以提高市场契合度，优化产品体验。
- 全栈开发：从智能合约到前端设计，提供全套的去中心化应用
  程序开发服务。
- 营销：向市场提供引人入胜的宣传描述，提升 Web3.0 产品或
  品牌的影响力。

图 5-9　RaidGuild 官网界面

资料来源：https://www.raidguild.org/

　　RaidGuild 底层使用 Moloch V2 进行创建，保留了 Moloch V2 最新版本的所有特性，本来基于游戏称呼的各类功能也与 RaidGuild 风格相符。别出心裁的是，就如很多游戏里的雇佣兵都有各种各样的职业一样，RaidGuild 为 DAO 内部的各种开发及非开发人才也取了各种职业名称（表 5-1 和表 5-2）。

表 5-1　RaidGuild 开发者角色列表

姓名	类型	描述
学徒	新申请人	分配给申请加入 DAO 的新人
射手	设计	分配给具有艺术、平面设计和插图专长的成员
德鲁伊	数据科学 / 分析	分配给具有研究、搜索引擎优化和数据分析专长的成员
圣骑士	后端开发	分配给具有 Java、Python、Rust、Node 或任何后端开发专长的成员
死灵法师	开发运维	分配给具有技术配置和优化专长的成员
游侠	用户体验 / 用户测试	分配给具有用户体验、反馈和测试专业知识的成员
战士	前端开发	分配给具有 React、CSS、HTML 或任何其他前端专长的成员
向导	智能合约	分配给具有 Solidity、Vyper 或任何其他智能合约专长的成员

表 5-2　RaidGuild 非开发者角色列表

姓名	类型	描述
愤怒的小矮人	财务人员	分配给具有会计和财务专长的成员
诗人	营销人员	分配给在营销、社交媒体和增长方面具有专长的成员
牧师	客户经理	分配给具有混合通信或项目管理专长的成员
猎人	商务开发	分配给具有业务和销售开发专长的成员
僧侣	项目经理	分配给具有管理、预算和文档专业知识的成员
神秘炼金术士	DAO 顾问	分配给在 DAO 用户、建议和咨询方面具有专长的成员
流氓	法务人员	分配给具有法律咨询和分析能力的成员
书吏	内容创建者	分配给具有媒体专业知识的成员
酒馆老板	社区管理员	分配给成员以管理社区相关活动
治愈者	内部运营	分配给成员以管理公会的内部运作

资料来源：https://handbook.raidguild.org/docs/overview-roles

想要寻找 Web3.0 人才的用户可以在 RaidGuild 开设一个佣金账户，方便雇佣付款。当用户想找 RaidGuild 完成某一具体的任务时，可以先联系公会的牧师（客户经理），牧师会根据客户的需求收集雇佣兵小队（项目小组）的方案，这个咨询过程是需要支付咨询费用的。待需求明晰，可以在公会总部的空闲雇佣兵频道发布项目需求和预算，组建团队，如果没有组建成功的话，也可以选择寻找一个僧侣（项目经理）帮助你进行创建。而任何拥有公会代币 Raid 的公会成员都可以选择加入一个雇佣兵小队，同时也可以成为小队领导，并决定每个角色的利益分配比例。完成雇佣兵小队的突袭后（完成任务），将按比例分配最终的项目受益，但通常要缴纳 10% 的金额给 DAO 组织，以支持组织未来的发展。

除了 RaidGuild 之外，PartyDAO、DAOhaus、YamDAO 等其他许多 DAO 也都属于服务型 DAO。

五、社交型DAO

如今的互联网有各种各样的线上社交平台，比如以熟人社交为主的微信朋友圈、Facebook，可以接触更多陌生人的微博、Twitter，专注于影音领域的豆瓣，聚焦垂直领域社交的 GitHub。通过共同的爱好来认识陌生人很好，而基于此来进行协作、分享并获得收益则会让参与者更有动力，这种形式的项目就是社交型 DAO。社交型 DAO 作为上述各类平台在 Web3.0 领域的演变产物，它的目标是创建一个由有着共同利益的人组成的原生数字化社区，围绕代币进行协作，并让所有人共享 DAO 带来的好处，比如共享所有权和权限。

Friends with Benefits 是最典型的社交型 DAO。它将自己描述为"一群文化创造者和维护者，使用 Web3.0 工具来建立社区和培养创意机构"。[①]这个 DAO 组织致力于创建一个由 Web3.0 领域的艺术家、经营者和思想家组成的社区，通过共同的价值观和共同激励将他们联系在一起。它也会为有趣的项目进行社群筹款，通过筹集代币，成员有动力创建一个有价值的社群，可以分享见解、举办聚会等。

创始人特雷弗（Trevor）希望为对科技和金融有疑虑的艺术创作者提供一个平台，通过将加密货币附加到在线社交俱乐部上，让会员共同把它变成一个有趣而又没有负担的社区。Friends with Benefits 的代币是 FWB，特雷弗将其发送给一些 Twitter 粉丝，并

---

① 参考自 https://www.fwb.help/。

认为大家玩得越开心，就会有越多的新来者想加入，代币就会变得越有价值。

类似的社交型 DAO 还有 Seed Club、CabinDAO 等。

六、收藏型 DAO

去哪里看艺术品？当然是美术馆。但如果想看的艺术品是一个 NFT 呢？那就去收藏型 DAO 看吧！收藏型 DAO 就是在 Web3.0 的世界中搭建的一个收藏着 NFT 作品的美术馆，收集社区认为有价值的 NFT 作品。

收藏型 DAO 的出现让大家能够更多地了解到 NFT 的艺术价值并加以传播。通过支持 NFT 艺术品创作以及展览作品，在为数字艺术发展助力的同时也让社区的参与者在 NFT 的长期价值中受益。不过，虽然 NFT 的收藏可能产生极其有利的经济回报，但这些 DAO 一般不会去出售它们的 NFT，至少在中短期内是这样。此外，这类 DAO 还会担任某些 NFT 项目的策展人，主要是策展具有长期价值的 NFT。

Squiggle DAO 就是收藏型 DAO 的代表性平台之一，它是一个数字艺术和链上生成艺术的 DAO。Squiggle DAO 于 2021 年 4 月由埃里克·卡尔德隆（Erick Calderon）创立。作为 NFT 铸造厂，Squiggle DAO 的存在是为了支持和收集 NFT，通过组建一个非官方的草根艺术社区，促进 NFT 艺术的发展和文化潮流。整个 DAO 组织主要推行一种叫作 Chromie Squiggle 的彩色线条 NFT 链上生成艺术

（图5-10）。持有一个Chrome Squiggle的用户，会自动成为Squiggle DAO的成员，通过Squiggle代币进入Squiggle爱好者的世界。用户可以通过购买Squiggle代币来加入，并以投票的形式帮助Squiggle DAO的发展。那些没有资格加入DAO的人也可以通过非持有者的渠道来了解社区。

图 5-10　Chrome Squiggle 系列 NFT 示例

资料来源：https://www.yoursdao.xyz/posts/squiggle-dao

就像 Squiggle DAO 一样，PleasrDAO、MeebitsDAO 也都是收藏型 DAO 汇集资源、共同做出投资决策并在投资升值时共享收益的代表。

七、媒体型 DAO

在 Web2.0 时代，创作者可以通过各式各样的自媒体工具创建一个新闻类的自媒体，并享受一定的创作激励。然而，无论是激励的结算规则，还是创作内容的推送方式都被平台所垄断，自媒体本身并没有自主权。

而在 Web3.0 时代，媒体型 DAO 希望让专注于内容创造的个人不仅能在内容创作的过程中得到激励，还能拥有更大的自主权。同时，各个细分领域的媒体型 DAO，不但可以让所有媒体制作者和他们的受众都能够更加便捷、准确地了解到自己所感兴趣的话题，甚至可以让原本没有进行内容创作但是有相关经验的专家更有动力来进行分享。

媒体型 DAO 让世界各地的人都能参与到内容创作中。无论是创作激励计划，还是上头版话题的推荐管理，都能由社区成员来决定，这种形式可以顺利地把单向消费变成双向道路，从而实现将信息传播的叙事所有权归还给消费内容的每个用户。

Bankless DAO 是媒体型 DAO 的代表。它源自 2019 年创立的一个名叫 Bankless 的媒体，主要追踪 Web3.0 相关的行业动态，在之后增加了播客相关内容，并于 2021 年注册为公司 Bankless。Bankless 在加密社区有很大的影响力，订阅数很高而且有很多受欢迎的文章。Bankless 提供了很多对于行业动态的判断，时至今日有很多预测都已经应验。

2021 年 5 月，Bankless 面向社区发起了启动 Bankless DAO 的提议，但这个 DAO 组织和 Bankless 在业务层面和法律层面上都完全没有交叉。

根据 Bankless DAO 的官网介绍，这个 DAO 组织的目标是"通过创建用户友好的平台，让人们通过教育、媒体和文化去了解去中心化的金融技术，从而帮助世界走向无银行化"（图 5-11）。为了实现这一点，Bankless 发行了原生治理代币 BANK，BANK 和其他平台的治理代币一样可以用于有利于 Bankless DAO 生态的各种治理投票。

Bankless DAO 内部有丰富多彩的各种公会，比如写作者公会、翻译者公会、研究者公会，等等，每个公会都有自己的成员和聚焦的领域。如果想成为公会的成员，你需要提高活跃度来获取他人的认可。公会成员可以在各个公会的社区频道通过语音、文字等方式讨论各种提案，最后由所有 BANK 的持有者投票决定社区的发展方向，更好地实现加密行业资讯的传播。

图 5-11　Bankless DAO 官网新闻主页

资料来源：https://www.bankless.community/

除了 Bankless DAO，自称是"Web3.0 游乐场的探索和建设先锋"的 Forefront 和以"成为一个有建设性的媒体，思考加密货币的发展方向"为目标的 DarkStar 也都是媒体型 DAO。

第六章

Web3.0 生态的参与者

人类过去、现在和未来，都始终是他们出生以前和降生以后的周围环境的产物。

——**罗伯特·欧文**（Robert Owen）

第一节　Web3.0 时代的用户

一、数字经济的参与者：从客人到主人

以 Web1.0 到 Web3.0 的跃升，是用户主导权的强化和去中心化的结果。回顾历史，互联网的每一次革新，都伴随着用户参与度的提高。Web1.0 让用户生活的世界从线下向线上拓展，大大扩展了信息传播的渠道，提高了信息传播的时效，也创立了一种新的经济形式——数字经济。在数字经济体系下，信息变成了重要的生产要素。然而，在 Web1.0 时代，互联网需要和所能容纳的信息提供者

并不多，只有少数技术开发人员承担了信息生产者的角色，用户更多以静态、单向的阅读为主。在这个时期，数字经济的特征是一种技术创新主导的模式，通过技术变革来支撑互联网的发展，各大公司依照自己供给的信息及信息组织技术获取点击流量来实现商业盈利，整体上还是以少数供给多数的状态。这个时代最典型的例子就是雅虎和谷歌。雅虎将原先刊登在报刊上的各类指南、名录整理至网页上，第一次创建了完善的互联网黄页体系，方便用户快捷地查询想要的信息。而谷歌的创始人拉里·佩奇（Lawrence Page）和谢尔盖·布林（Sergey Brin）于1998年在斯坦福大学发明了PageRank算法，奠定了如今搜索引擎的技术之基，让用户可以在主动搜索的情况下，获得更加匹配的结果，大大提升了信息获取的效率。总而言之，Web1.0将许多线下信息通过商业化模式转运到了线上，实现了媒介的飞跃。然而，用户在这个阶段只是信息的接收者，是数字经济的客人，并没有任何生产和供给信息的能力。

在 Web2.0 时期，用户的重要性和参与度逐步增强，许多用户开始自己主导信息的生产和传播，打破了原来所惯用的单向传输模式。在这个时期，单纯以少数人作为信息生产者的模式已不能满足大众日益增长的线上社交和分享需求。伴随着 3G、4G 等技术的发展和移动互联网生态的繁荣，Web2.0 给用户带来了许多新鲜的体验和机遇。用户可以通过图文写作、照片发布、音频录音、视频剪辑等多种方式向整个互联网供给信息。依托各类互联网平台，人们也逐步探索出了由用户作为信息的主要提供者，公司仅负责对信息进行组织和管理的互联网产品模式。用户能够参与到网站、App 内容的建设中，既作为信息的提供者，也作为信息的接收者，产生了更多与平台、其他用户间的交互。这是互联网的又一次跃进，是理念和思想体系的升级换代，互联网产品的构建模式也逐步由原本的自上而下、资源掌握在少数控制者手里的集中主导体系，转变为自下而上、资源由广大用户共同主导的分散共荣体系。平台的盈利模式不再仅仅是点击流量为王，通过用户的参与也摸索出了网络游戏、电子商务、增值服务等更多的商业模式，进一步推动数字经济走向繁荣。然而，在这个阶段，虽然用户占据了信息生产的主导权，但却并不是这些信息的主人，也没有充分享受到这些信息创造出的价值。相反，信息的价值被平台方拼命榨取，整个互联网仍然被中心化的巨头们所垄断。

如果说 Web1.0 是"平台创造，平台所有，平台控制，平台分配"，Web2.0 是"用户创造，平台所有，平台控制，平台分配"，那么大众对于 Web3.0 的畅想和期盼，则是"用户所有，用户创造，用户控制，用户参与分配"。每一个互联网用户都应该是自己生产出的信息和数据的主人，并充分享受这些信息和数据带来的价值。这种自由、公平、开放的互联网世界，才是互联网应有的精神。Web3.0 不仅是技术上的革新和颠覆，更是一种互联网理念的改变，人们致力于构建以用户为中心、去中心化、保证隐私性的数字世界，注重用户的自身需求，以更加简洁的方式为用户提供技术整合。在 Web3.0 时代，用户能够真正成为数字经济的主人，并享受着数字经济带来的价值。

二、深度沉浸化的虚拟世界

马克思曾说过："经济基础决定上层建筑。"当人们成为数字经济的主人时，文化、社区、制度等丰富多彩的上层建筑也将自然而然涌现，最终将互联网打造成为一个深度沉浸化的虚拟世界。在这里，许多现实场景被复制到线上，人们在虚拟世界中也搭建出了一个"真实"的世界。

与 Web3.0 一同映入人们眼帘的元宇宙就是最好的印证。随着交互技术、传感技术、VR/AR 技术的发展，人们在虚拟世界中所能感知的内容也更加丰富起来。人们可以将自己的各种感官接入元宇宙中，在元宇宙世界里体会真实世界里的各种感觉（图 6-1）。例如，日本和新加坡团队研发的味觉模拟传感器，可以通过电、热刺激让人在虚拟世界感受不同的味觉；FeelReal VR 面罩通过口罩内的气体喷射，让人感知到虚拟世界的各类气味，实现嗅觉同步；天津大学领头组建的 MetaBCI 平台，是中国首个脑机接口领域综合性的开源平台，可以实现大脑直连，直接用意识控制虚拟世界的活动。

在感知相通的基础上，人们在元宇宙世界中获得一个虚拟身份，开展工作、娱乐和生活等各类活动。在工作方面，人们可以将信息生产作为主要的工作形式，或是通过虚拟会议、在线协作工具完成原先线下交互的工作。在娱乐方面，除了各类游戏的互动，人们还可以选择搭建线上演唱会、时装秀、音乐会，等等（图 6-2）。而在生活方面，人们可以实时语音交互、在线聊天，也可以利用

3D 模型和交互设备的传感器进行各类社交活动。总之，人们在虚拟世界中的活动将变得越来越沉浸化。

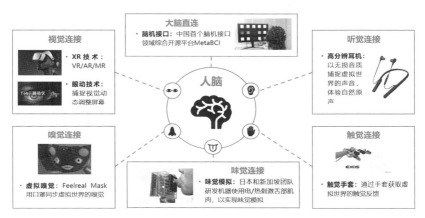

图 6-1　各感官接入元宇宙世界的途径

图 6-2　Meta 的元宇宙世界 Horizon Worlds

资料来源：https://www.oculus.com/horizon-worlds/

而底层 Web3.0 的各类基础设施为这些活动的深度沉浸化提供了重要支持。加密货币让财富可以在现实世界和虚拟世界中发生流转；DeFi 让人们更安全、便利地在虚拟世界中享受到借贷、投资、保险等金融服务；NFT 让各类线下资产实现数字化的同时也完成了线上原生数字资产的确权；DAO 让人们可以拥有一个真正自治的社区，每个人既生活在社区中，又能完全民主投票决定社区的发展方向。

在如今的后疫情时代，虚拟世界生活的沉浸化趋势是必要的，也是必然的。但沉浸化的体验并不意味着人们的生活完全受虚拟世界所支配。而是当人们在线下的工作、娱乐、生活的权利被疫情等环境因素无情剥夺时，依然能在线上享受到同样的体验。这或许就是人们如此向往 Web3.0 的又一大原因。

三、在 Web3.0 中工作和就业

Web3.0 给了人们更多的选择、更广阔的信息接收范围，并让人们可以切身参与到互联网的建设当中。当人们在各类产品间遨游时，也许会找到一些价值观相合的项目，有可能会想要对这些项目深入研究并贡献自己的精力。人们可以将自己的时间和精力分散在各种项目中，也可以集中于少数项目。这样的场景也很适合演变为人们本职工作的前身，例如，加入一些服务型 DAO，去做一些兼职工作或是全职工作。以 RaidGuild 为例，人们既可以选择加入公会成为一名"德鲁伊"，开始数据科学和分析相关的冒险，又可以选择成为一名"游侠"，展开用户体验与用户测试的突袭。当 Web3.0 变得在全球可访问时，现有的人才模型将被彻底颠覆，用户可以一键加入这样的组织，通过参与不同领域的各项分散工作而

获得赏金，或是通过社区凭证赚取声誉点，零工经济将走向前所未有的昌盛。与此同时，用户拥有极大的自主权，并可以向 DAO 的成员提出有关全职工作的建议，或者是申请补助金。在这个过程中，用户不需要担心复杂的人力签署流程和法务条款，也不需要担忧"遇人不淑"而误入了无良企业，所有的规则都依靠智能合约与群体投票决策来完成。DAO 作为组织人才关系的组织者，将聪明且有热情的专家聚集起来，专家们根据兴趣组建起团队，一起攻克各种各样的项目。无论多么小的贡献，都可以持续保留与产品相关的版税。这真的好像一场奇幻世界的大冒险，让工作在安心、有保障的情况下平添了几分浪漫主义气息。

通过 DAO 的形式将公司组织去中心化之后，用户价值得到了转变和重塑，从静态参与者变成了协作者、创造者，所有互联网上的活动都变成了为自己而工作。Web3.0 正在重新定义全球人才的就业方式和知识汇集方式。目前来看，Web3.0 使用成本门槛较高，但这只是一个短期的情况。随着 Web3.0 的普及，相应服务类的工具会更加多元化，门槛会不断降低，变成人们都能够接触到的使用模式，为人们提供更多的就业选择，所有人都可以轻松地参与Web3.0 各个领域的项目来实现就业。

此外，由于参与度的提高，人与生产制造的关系也会被改变，用户的职业能力要求迁移，又会产生新的职业技能需求和市场，例如"DAO 组织顾问""智能合约开发员"，等等。同时，因为权利还给了用户，用户会更关注决策层的需求，每个人都要承担针对市场进行策划和决策的责任，这会下放大部分的基础操作空间给智能合

约，在解放从业者的同时也赋予互联网更加智能化的场景。这本质
上是对人综合素养的一次提升，在抛开了现代化机械性的劳动工作
之后，人们将会面临更多的选择和决策考验，劳动力也会从标准化
作业转向更加非标准化作业的场景，这对人们也是一次挑战，需要
学习去构建更加适合 Web3.0 的能力体系。那么该怎么做？参考互
联网前两次跃升时的场景和机遇，也许能给我们带来一些思考。

第二节　Web3.0 时代的创业者

一、全新创业逻辑：从产品构建到社区营销

随着 Web3.0 的全面发展，不仅原有巨头正快速布局在各行各
业，新兴的创业公司也正带着新鲜血液、新技术来"抢占先机"。
但需要注意的是，Web3.0 的创业逻辑已经发生了根本性变化，从
"占有"逻辑变成了"赋权"逻辑。在 Web2.0 时代，一个典型的互
联网创业公司的成长过程如下。

首先，先花费大量的资金，用资本换取规模，在短时间内实现
快速扩张。无论是互联网打车市场的丰厚补贴，还是电商平台的优
惠轰炸，又或者是内容平台的创作激励，在早期都是以无比疯狂、
非理智的姿态投入的，只希望尽可能多地占有用户的习惯、心智、
时长。

接下来，在市场的激烈竞争中，公司快速成长，脱颖而出，并借助自身的规模挤压同行的竞争对手。

最终存活下来的玩家分割市场，在充分占有用户生活的同时坐地起价，用极端有利于自身的经济模型充分榨取每一分利润。模型中每多赚取用户的 1 元钱，添加上庞大的规模杠杆，都会产生惊人的利润。

这套急剧侵略性的创业打法，通过占有用户、占有竞争对手的资源，在 Web2.0 时代取得了无与伦比的成功，并见证了一个又一个独角兽公司的出现，但在 Web3.0 时代，却再也行不通了。在 Web3.0 时代，虽然依旧是激励，但不再是创业项目方让用户选择什么，而是用户自己选择什么。一个好的项目不是剥削用户的价值，而是在充分考虑好用户的需求的前提下将治理权力还给用户，当用户享受到产品带来的便利，形成信任这套公平治理机制的共识时，用户的规模自然就会增长。而这份共识下的规模才会赋予最初的激励以价值，否则这些激励的代币也只是水中月、镜中花、白纸一张。而与同行的关系也从霸占变为了生态共建，每个项目都会有自己的特色，并试图努力打通合作点，让生态变得更加庞大。相较于 Web2.0 时代压缩对方生存空间换取自身成长的零和博弈，生态成长给彼此带来的收益会更多，各赛道的创业方大多数情况下更倾向于合作而非打压对方，许多底层协议、DAO 组织都是互相开放的。Web3.0 时代的创业逻辑正在向更包容、更开放的方向发展。

伴随着顶层创业逻辑的变更，从产品到营销都发生了巨大变革。

在产品构建方面，创建 Web3.0 产品通常需要丰富的区块链知识，目前的人才缺口越来越大，构建一个 Web3.0 的产品团队会十分困难。寻找的方式和雇佣的方式可能也发生了变化，找到团队成员开发项目的方式可能是在互联网论坛、Discord 这些非正式的社区，在智能合约上签约，并用加密货币支付工资。而当产品团队组建完毕后，你会发现，激励和管理团队并非最主要的事情，因为长期来看，使用产品的每个用户才是未来最大的产品贡献者，你需要和产品团队一起思考如何让这些真正的贡献者参与进来。当这些真正重要的事情确定之后，开发一款产品似乎不再是那么艰难的事情，因为 Web3.0 内所有协议的开源和可组合性让每个人都可以轻松地在现有产品和服务的基础上进行构建，但与之相伴的是"商业秘密"不再存在。当产品完成开发后，测试的工作又会变得非常重要，在智能合约的体系下，"代码即法律"，一旦运转后，区块链上的代码就无法进行更改。如果想要解决体系下的漏洞，就类似法案的修改一样，需要用新法案去替换旧法案，整个过程十分烦琐。假使漏洞遭到黑客攻击，后果将不堪设想，例如 The DAO 募集资金时遭到黑客攻击，直接导致全世界最大的区块链平台以太坊的 ETC 和 ETH 的分叉事件。而在上线之后的后续运维方面，创业团队还需要思考如何才能逐渐把治理权力移交给用户，最终实现完全的自治化。

正因为将产品的治理权力移交给用户是每个 Web3.0 产品的归宿，所以营销就变得无比重要。然而，因为 Web3.0 是对于 Web2.0 的根本性颠覆，所以传统的互联网营销渠道的广告都不允许推广绝大多数的 Web3.0 项目。Web3.0 的营销渠道主要依靠论坛、群组、私人团体等社区形式，同时一些项目为了促进生态也会抱团营销。

而从营销内容上来看，Web3.0 产品的营销重点一般不在"产品和服务"，而在社区服务本身。营销的目标是希望能将接收到信息的用户变成社区的宣传者，而不仅仅是产品的消费者。此外，一些新形式的营销方式被发明出来，例如：

- 空投：向关注社区的用户免费发放代币。
- 白名单制度：在项目正式发售前会给项目的支持者一些预售资格权益。
- 去中心化推荐协议：利用 Attrace 等 Web3.0 推荐协议发布和推广任务。

除了这些营销方式外，更多的营销玩法也被开发出来，Web3.0 逐渐发展为一个特殊的知识领域，需要创业者用心钻研。

从创业逻辑的变化，到产品创建与社区营销的变革，Web3.0 时代的创业者在奔向未来的路途上将面临种种挑战，但无论如何，未来必将属于他们。

二、互联网巨头的内部创业

当 Web3.0 的浪潮不可逆转地来到时，原本 Web2.0 时代的巨头们也纷纷展开了自身的内部创业，以求不被淹没在 Web2.0 的退潮中。目前来看，国外公司的动作和进度会更快一些。著名的社交平台巨头 Twitter 就是典型代表之一。Twitter 的联合创始人杰克·多

尔西曾在一次音频聊天中表示："如果比特币在 Twitter 存在之前就
已经存在，我认为我们会看到非常不同的收入模式。"[①] 2019 年，他
与时任 Twitter 首席技术官的帕拉格·阿格拉瓦尔（Parag Agrawal）
讨论公司面临的挑战后，决定将 Twitter 去中心化。现在的 Twitter
已经开始慢慢兼容一些 Web3.0 的能力了。与此同时，扎克伯格在
2021 年 10 月 28 日宣布将 Facebook 更名为 Meta，朝着元宇宙正
式进军，底层与 Web3.0 领域相关的 DeFi、NFT 等基础设施成为
Meta 重点发力的方向。除了社交这一与用户结合最紧密的领域的
巨头有这些动作外，国外其他领域的不少互联网巨头也开始支持加
密货币的付款方式，希望通过这种方式搭上 Web3.0 时代的顺风车。

目前，国内的互联网巨头也有了相关动作。但因为担心 DeFi
底层体系的不完善可能危害到人民群众的财产利益，无论是监管层
还是巨头们都对 DeFi 及非常依赖它的 DAO 的引入持审慎态度，目
前相关法规及平台制度都不允许这些产品出现。在移除掉 Web3.0
的"去中心化"特性后，基于区块链本身不可篡改、安全的"可
信"特质的应用成为互联网巨头创业的重心，例如，通过联盟链的
方式完成身份信息的认证或者证明材料的制作等。近些年来，伴随
着 NFT 的火热，一些移除掉 NFT "可以被随意炒作"的金融特性，
仅保留其"艺术收藏交易特性"的数字藏品平台成为大厂创业的重
点。例如，阿里巴巴与敦煌美术研究所合作，推出了敦煌系列付款
码皮肤的数字藏品；腾讯上线了数字藏品交易平台"幻核"，并上

[①] 参考自 https://www.youtube.com/watch?v=CpOdwcsZN2o。

线了多加博物馆推出的数字藏品，助力数字人文与数字经济的发展；B 站也上线了限量版的数字藏品系列头像，用户可以选择使用这些藏品作为自己的头像。

虽然 Web3.0 时代还没有真正展开序幕，但从这些互联网巨头的内部创业行动也可以感受到巨头们对增速放缓的焦虑。新的时代，巨头们是否还能把握机会，我们不得而知。但我们可以知道的是，新机遇的开头，总会迎来新鲜的血液，挑战旧时代的巨人。

三、Web3.0 人才的中国创业

目前，因为整个 Web3.0 基础设施的风险问题尚未得到完善，存在诸多监管限制，国内主要的 Web3.0 创业方向是围绕"区块链"进行的。简单来说，就是先利用区块链的可信机制渗透到各行各业，解决各行业的"信任问题"。

区块链本身就是 Web3.0 的底层技术，但与国外不同的是，国内区块链里最主流的形式是联盟链，比如华为、蚂蚁集团、京东、哔哩哔哩等企业，都推出了一些大型的联盟链。目前，顺应 Web3.0 的潮流，这些联盟链还在不断扩展合作伙伴关系，并试图建立一个开源的体系，向着 Web3.0 的方向发展。这样一种形式，不但与国家反垄断的方向相符，还有利于解决平台之间数据不互通、缺乏信任的问题，可以有效地改善用户体验。所以，对于当今的创业者来说，选择进入这些大型联盟链的生态去做技术类的创业，是一种不错的选择。不过，虽然这个方向可行，但目前巨头竞争的情况还尚未改善，只是在政府反垄断的打压下关系刚刚有所缓和，所以国内各家的联盟链还是处在割裂状态，整个联盟链生态的搭建还需要相当长的一段时间。也许在 Web3.0 缓慢步入正轨后，巨头之间的关系也会经历迭代。

另外，脱离联盟链不谈，作为数字身份的去中心化身份赛道也是很好的一个创业方向。对于 Web3.0 领域来说，每个人都需要在互联网世界中获得一个数字身份认证，作为参与很多活动的基础，所以去中心化身份也是一个热门的方向，这种围绕分布式数字身份存储技术的创业探索在国内也是受到政策鼓励的。作为一种精准针对用户掌握数据所有权的技术，去中心化身份可以实现让用户掌握自己的信息，在网站或者其他 App 里注册或是验证的时候，只需用自己的密钥进行授权。这个密钥里面包含了一些个人的信息，只需与密钥交互，就可以读取信息之后登录，而不会让平台掌握到个人的信息，这既方便了用户，又有利于国内反垄断动作和政府部门开展公民数据隐私的监管。目前，国内互联网、国企、银行等都在研究这个方向的技术，虽然并不能完全做到去中心化，不少技术方向也选择用区块链以外的方式去实现，但不得不说这是富有前景的创业方向之一。

除了以上这些领域，区块链在提升安全性能和去信任化角度渗透进基础设施的应用也是一个非常好的创业方向。金融、政企、电力、农产品溯源、资产存证溯源对于区块链的应用都会是比较好的切入角度。区块链最大的优势是解决了不信任的问题，哪里能解决这个问题，哪里就是区块链最好的发展方向。未来，我们必将看到更多这方面杰出的创业项目不断涌现。

第三节 Web3.0 时代的投资人

一、Web3.0 浪潮中投资机构的变革

互联网的历史既是一部创业者的史诗，也是一部投资者的史诗。红杉、IDG 等一系列顶尖的风险投资机构投资了互联网行业的"半壁江山"。例如，仅红杉资本一家风险投资就在国外投资了谷歌、雅虎、甲骨文、Youtube、Paypal、思科、苹果，在国内投资了阿里巴巴、美团、腾讯音乐、新浪、京东等知名互联网科技企业。而当 Web3.0 的浪潮来临时，这些投资机构自然不会错过这次机遇。传统的投资机构纷纷在找寻切入 Web3.0 领域投资的最佳方式。以红杉资本为例，2021 年 12 月 8 日，红杉资本就将官方 Twitter 的签名从"我们帮助富有冒险精神的人缔造传奇性的公司"改为了"从想法到落地，我们帮助富有冒险精神的人打造伟大的 DAO"。[①] 而在 2022 年 2 月 18 日，红杉资本还宣布推出一支专注于加密货币领域的投资基金，资金规模在 5 亿至 6 亿美元之间，单个项目投资规模在 10 万至 5 000 万美元之间，同时还计划参与到投资项目的加

---

① 参考自 https://baijiahao.baidu.com/s?id=1718686940971724482。

密金融体系中。[①] 此外，红杉资本还向美国证券交易监督委员会申请转型成为注册投资顾问，来增加投资的灵活度，使得更多资金可以投资于加密货币领域。[②] 当然，想要切入 Web3.0 领域的投资机构还不止传统的大型风险投资机构，互联网战略投资也是一股有生力量。例如，微软在最近投资了区块链初创公司 ConsenSys 来进军 Web3.0 领域；[③] 聚焦于 NFT 二层扩容解决方案的 Immutable 最近也接受了腾讯控股公司的投资。[④]

在传统投资机构谋求转型的同时，一大批一开始就关注 Web3.0 领域的投资机构也逐渐走向头部，这一批有生力量包括 a16z、Paradigm、3ac、Coinbase、Binance 等机构。这些机构因为切入得早，对 Web3.0 业务理解深刻，在 Web3.0 刚刚萌芽时，就获得了不菲的回报。以 a16z 为例，2022 年，a16z 新募资的加密货币基金规模预计达到 45 亿美元，如果募资成功，加上之前的 3 只基金，a16z 在加密货币领域的总募资规模将达到 75 亿美元。除了募资金额庞大之外，a16z 在 Web3.0 领域内的出手速度也非常快，只 2021 年就投资了 9 个国家的 43 个项目，基本覆盖了 Web3.0 行业所有的主要赛道。这种疯狂押注在 Web3.0 领域的动作也让 a16z 很快跻身头部风险投资机构之列，改变了当今的风险投资格局。

另外，Web3.0 领域的原生组织又是另外一股重要的新生力量。

[①] 参考自 https://baijiahao.baidu.com/s?id=1726877498850618871&wfr=spider&for=pc。

[②] 参考自 https://view.inews.qq.com/a/20211027A02DPN00。

[③] 参考自 http://www.diankeji.com/blockchain/60843.html。

[④] 参考自 https://baijiahao.baidu.com/s?id=1726812923872377417。

MetaCartel、The LAO、Flamingo、BitDAO 等以投资型 DAO 为基金形式投资的玩家也不断涌现，共同撼动着 Web3.0 领域的投资格局。在 Web3.0 行业迅猛发展的同时，投资机构的格局必然会越来越复杂。

二、被 Web3.0 重塑的投资产业

Web3.0 带来的惊人变化，使得传统风险投资产业的募资、投资、管理、退出各个环节都发生了巨大变化。可以说，整个投资产业都被 Web3.0 重塑了。

在募资端，Web3.0 领域已经成为一个重点赛道，出现了一些专门去往这个领域的钱，也针对这些钱成立了一些基金。但是，传统美元基金架构的存续期只有 10 年，而 Web3.0 的发展周期远不止 10 年，为了扫除这一制度障碍，红杉资本等一系列投资机构决定设立不设期限、永久开放的基金架构。[①] 除了募资基金的存续期外，募资资本的具体形式也得到了扩展，募资的形式不仅仅可以是现实的法定货币，还可以是加密货币，尤其是对于一些投资型 DAO 来说。而对于这些 DAO 组织，募资金额的门槛也被降低，一般大众也能成为投资型 DAO 的成员，相当于传统机构的有限合伙人（Limit Partner，简称 LP）。而与之伴随的投资者关系管理（Investor Relationship Management，简称 IRM）的方式也将发生很大变化，

---

① 参考自 https://baijiahao.baidu.com/s?id=17147758 68530315990&wfr=spider&for=pc。

这种变化既来自不设限基金有限合伙人们耐心的提升，也来自那些投资型 DAO 中的社区治理体系。

在投资端，对于传统机构投资人的投资能力要求也会发生变化。除了需要补充更多的 Web3.0 领域的知识外，技能的应用形式也发生了极大的变化。比如，在 Web3.0 时代，Pitch 的项目资源将更多来源于社区、群组以及技术论坛。此外，因为投资的形式既包含股权融资，也包含加密货币融资，这对于投资阶段的法务合规性的思考要求大大提高了。而对于投资型 DAO 来说，投资逻辑、尽调流程、投资委员会会议等传统的投资流程也发生了变化，整体的决策和尽调过程将由群体决策完成，而非个别合伙人来决策。

在管理端，因为整个 Web3.0 领域非常依赖于共识，所以在管理端会更加注重资本能够提供的营销支持。例如，a16z 在媒体营销领域提高的管理支持能力也正是它能在 Web3.0 领域频频扶持出独角兽公司的关键因素。此外，对于黑客盗取、法务变更等不确定因素的风险控制也是投资机构应该提供的重要管理服务。而如果以加密货币作为投资的资金，则需要按照 DAO 社区的规定进行链上和链下社区治理。相比于传统投资，这种形式的投资对于项目的话语权会降低，并且这种降低往往是自发形成的。因为过于中心化的话语权在 Web3.0 去中心化的环境下，不利于投资标的的成长，在没有成长的情况下自然也就无法获得收益了。

在退出端，Web3.0 领域的项目在退出形式上更加灵活多变。传统最主流的 IPO 形式可能会引来额外的监管压力，造成股权融资项目的上市困难。因为加密市场的高波动性可能会影响接受股权融资的公司在现实市场上的价格，从而对金融市场产生冲击，因此监管方可能会对这类项目的批准更加审慎。而 ICO 等新型的退出形式同样也是一种变革，虽然一些以技术为核心的 Web3.0 项目从股权投资角度的退出周期被拉长，但偏应用项目所需要的投资轮次却在减少。待代币发行并被广泛认可后，项目方就能有充足的现金流支持后续发展。在这种情况下，一二级市场的距离被拉进，传统的早期投资机构也会因此丧失原有的生态位。

三、Web3.0 对投资人的机遇与挑战

Sapphire Sport 基金的投资人马洛齐（Mallozzi）曾说："互联网被创造出来时，它只是我们生活中的一个新维度，随后出现了社交网络、在线电视以及所有我们无法想象的东西。当这些东西结合在一起，整个市场蓬勃发展时，我们又将会看到一些我们甚至无法想象的事物。"而 Web3.0 作为新一代的互联网，自然也为整个投资界带来了难以想象的机遇与挑战。

面对这样一个机遇与挑战并存的行业，投资人既需要拥有相信未来机遇的"非理性"，又需要保有迎接挑战的那份"理性"。在遇到新兴事物时，需要有敏锐的嗅觉，需要对行业的未来有宽泛不设限的想象，需要去承担风险并尝试做出选择，这是投资人所需要的"非理性"。但与此同时，投资人又需要学会在纷繁复杂、庞大的信息流中辨别真假，去伪存真，需要去尝试判断行业机遇中的真伪命题，这需要极大的克制和"理性"。

而在面对 Web3.0 时，不同投资人态度中"非理性"成分和"理性"成分的占比也是各不相同的，这些态度的表现形式可能包括：

- 相信新风口带来的新机遇，希望能提前布局。
- 对自己未知的领域持观望态度，不去投资自己看不懂的行业。
- 目前虽然看不出明确的发展模式，但是可以观望正在运营且有一定新思路的产品。
- 认可 Web3.0 时代终将会到来，但认为目前的底层技术尚未发展到可以承载上层应用的阶段，说 Web3.0 还为时过早。
- 目前概念超出技术太多，过多地关注概念用处不大，等到技术成熟的那一天，概念终会被迭代出合适的形态。

无论投资人的态度如何，想要进入 Web3.0 领域分一杯羹，投资人的个人综合能力必须得到提升。投资人需要掌握各种协议的技术知识、各领域的整体生态、通证经济的基本原理、治理方案的思路、营销策略的评估，等等。相比于其他赛道，这些知识横跨经济学、计算机科学、数学、社会学、管理学等多个领域，对个人综合能力的要求是大大加强的。

从 Web2.0 向 Web3.0 的转变，并不只是用户、公司的风口，更是投资人面临的一道考验。在新的时代到来之前，投资人都像是投资圈的"初创企业"，都在赛道上或慢或快地奔跑，而最后的获胜者还尚无定论。但作为孵化初创企业、构建未来行业生态的投资人，应该在机遇中警醒，在挑战中追寻更加正确的道路。

第四节　Web3.0 时代的政府

一、Web3.0 的政府监管

无论是国际还是国内，目前政府对于 Web3.0 领域的监管是十分严苛的。主要原因如下：

- 在全球化的趋势下，国际金融体系是紧密联系的，Web3.0 底层基于加密货币跨国界的金融体系如果与法定货币相联系，大波动和各类突发的"黑天鹅"事件很容易影响国际金融市场，造成重大风险性事件，进而影响各国经济的稳定，甚至可能引发经济危机。

- 底层去中心化的金融体系容易成为违法犯罪分子洗钱的摇篮。

- 目前，Web3.0 基础设施还有诸多不完善的地方，盗窃、黑客侵入、系统拥塞崩溃等事件时有发生。

- 因为去中心化的特点，很难从法律上定义权利及义务的主体，也为监管带来了很大难度。

- 许多公链采用的工作量证明机制导致大量不必要的电力、能源等消耗，同时产生了大量的碳排放，不利于环境保护。

但各国政府在对 Web3.0 施加不同限制的同时，并没有完全禁止 Web3.0 的发展，因为它们也看到了 Web3.0 带来的巨大益处。

- 整体促进了数字经济的发展，为人们的线上生活提供了各种必要的基础设施，这在后疫情时代十分必要。

- 提供了大量的就业岗位，促进了新形式的零工经济发展，有利于解决国家的失业问题。

- 在近年来国际局势动荡的情况下，加密货币成为避免短期贸易制裁的重要武器。

- 用简单有效的方式解决了很多身份认证、安全保障、信息互通、知识产权确权复杂的法务问题。

- 有利于推进反垄断，保护广大用户的数据隐私及合法权益。

- 可以促进开源开放的技术生态、各种形式的技术协作、各领域的人才及资源流转，加速各类科技产业的发展。

- 各公链等底层基础设施正在迭代升级，解决原来存在的网络拥塞、高黑客入侵、高环境排放的问题。例如，以太坊正要升级为 2.0 版本，将"工作量证明"的共识机制替换为"权益证明"的共识机制，可以节约 99.99% 以上的碳排放。

总之，从监管角度来说，Web3.0 是一把双刃剑，既存在一系列重大的风险和问题，又对互联网、数字经济等各领域的发展起到了不可磨灭的重要作用。政府需要在结合本国国情的情况下，审慎考虑对于 Web3.0 的监管政策。

二、中国如何落地 Web3.0

目前，从 Web3.0 的发展阶段和维护最广大人民群众利益的角度考量，中国对于 Web3.0 的监管态度相对于国际整体情况而言是更为严苛的。因为 Web3.0 底层 DeFi 配套的监管措施不完善，虽然近些年增加了一些"了解你的客户"（KYC）机制和引入监管的措施，但黑客盗取区块链钱包的现象还是屡见不鲜。而且，许多投机分子借助 Web3.0 开展洗钱、非法集资、炒作资产等不法行为，严重危害了国内金融系统的稳定，因此，政府对于 Web3.0 的金融部分基本上是以最严厉的限制措施对待的。2021 年，中国人民银行联合多部门一起印发的《关于进一步防范和处置虚拟货币交易炒作风险的通知》以及后续一系列密集出台的政策都限制了虚拟货币交易相关的 DeFi 行业、NFT 交易部分、DAO 代币治理等领域的发展。同时，2022 年，最高人民法院发布《关于修改〈最高人民法院关于审理非法集资刑事案件具体应用法律若干问题的解释〉的决定》也明确了虚拟货币相关业务的金融活动属于非法金融活动，并且参与虚拟货币投资交易活动也存在法律风险。

虽然上述监管措施十分严苛，但目前国内也在吸纳 Web3.0 领域积极有益的因素促进数字经济的发展。例如，支持一些促进信息互通、保护数据隐私的联盟链建设，鼓励将区块链技术融合进数据产业，助力公积金互联互通、农产品溯源、资产存证等信息证明相关行业的发展；在去除掉 NFT 作为金融资产的属性之后，限制其二次交易，把它打造成辅助明确知识产权、助力数字人文发展的

"数字藏品"等。目前，许多博物馆都发行了自己的数字藏品，这有利于中国传统文化的传播。

从长期发展来看，一个完全去中心化的网络未必是 Web3.0 的最终走向，因为完全的去中心化必然会引发一些恶意信息的传播、违法犯罪现象的滋生。对于数据方面的监管，未来肯定也是在分布式的个人归属和监管中取得平衡，而这个平衡点在未来某个时间会慢慢地达成。目前，一系列个人信息保护和反垄断的法律法规的颁布其实就是在印证这一趋势。未来，Web3.0 在中国落地的一个很大可能性，是类似于现在 Web2.0 的互联网管理制度，从前台匿名、后台实名的机制，变为项目方匿名、监管方实名的形式，在政府端保证监管的同时配合反垄断趋势，将一部分数据的储存权还给大众和用户。

也许我们可以假设一个可讨论的实现场景：当数字人民币成为支撑 Web3.0 数字经济的底层资产时，所有平台将成为互联互通的应用，整套体系将全部在政府的监管体系中平稳运行。数字人民币和人民币也实现了意义兑换，进而实现数字经济和实体经济的交换，这种大型的"元宇宙"，是否就是中国 Web3.0 的未来呢？

三、Web3.0 与中国数字经济的发展

自"十九大"报告明确提出建设数字中国以来，数字经济的发展已成为当前新发展阶段的重要命题。习近平总书记在中共中央政治局第三十四次集体学习时也强调，数字经济健康发展有利

于推动构建新发展格局。2022 年，《政府工作报告》也首次以"单独成段"的方式对数字经济进行表述，明确需要促进数字经济发展。Web3.0 作为数字经济领域技术进步与商业模式创新相结合的新产物，是发展数字经济的有生力量。为了了解 Web3.0 未来在中国的发展，了解相关的数字经济发展规划政策是一种比较好的形式，以下是《"十四五"数字经济发展规划》的相关政策整理（表 6-1）。

表 6-1　《"十四五"数字经济发展规划》分类摘录整理

政策概览	政策详情
优化升级数字基础设施	加快建设信息网络基础设施，建设高速泛在、天地一体、云网融合、智能敏捷、绿色低碳、安全可控的智能化综合性数字信息基础设施
	推进云网协同和算网融合发展
	有序推进基础设施智能升级
充分发挥数据要素作用	强化高质量数据要素供给。加快推动各领域通信协议兼容统一，打破技术和协议壁垒，努力实现互通互操作，形成完整贯通的数据链。推动数据分类分级管理，强化数据安全风险评估、监测预警和应急处置。深化政务数据跨层级、跨地域、跨部门有序共享
	加快数据要素市场化流通
	创新数据要素开发利用机制
大力推进产业数字化转型	加快企业数字化转型升级。引导企业强化数字化思维，提升员工数字技能和数据管理能力，全面系统推动企业研发设计、生产加工、经营管理、销售服务等业务数字化转型
	全面深化重点产业数字化转型
	推动产业园区和产业集群数字化转型
	培育转型支撑服务生态
加快推进数字产业化	增强关键技术创新能力。瞄准传感器、量子信息、网络通信、集成电路、关键软件、大数据、人工智能、区块链、新材料等战略性前瞻性领域，发挥我国社会主义制度优势、新型举国体制优势、超大规模市场优势，提高数字技术基础研发能力

政策概览	政策详情
加快推动数字产业化	提升核心产业竞争力
	加快培育新业态新模式
	营造繁荣有序的产业创新生态。发挥数字经济领军企业的引领带动作用，加强资源共享和数据开放，推动线上线下相结合的创新协同、产能共享、供应链互通。鼓励开源社区、开发者平台等新型协作平台发展，培育大中小企业和社会开发者开放协作的数字产业创新生态，带动创新型企业快速壮大
持续提升公共服务数字化水平	提高"互联网＋政务服务"效能。建立健全政务数据共享协调机制，加快数字身份统一认证和电子证照、电子签章、电子公文等互信互认，推进发票电子化改革，促进政务数据共享、流程优化和业务协同
	提升社会服务数字化普惠水平
	推动数字城乡融合发展。深化新型智慧城市建设，推动城市数据整合共享和业务协同，提升城市综合管理服务能力，完善城市信息模型平台和运行管理服务平台，因地制宜构建数字孪生城市
	打造智慧共享的新型数字生活。引导智能家居产品互联互通，促进家居产品与家居环境智能互动，丰富"一键控制"、"一声响应"的数字家庭生活应用。加强超高清电视普及应用，发展互动视频、沉浸式视频、云游戏等新业态。创新发展"云生活"服务，深化人工智能、虚拟现实、8K高清视频等技术的融合，拓展社交、购物、娱乐、展览等领域的应用，促进生活消费品质升级。鼓励建设智慧社区和智慧服务生活圈，推动公共服务资源整合，提升专业化、市场化服务水平。支持实体消费场所建设数字化消费新场景，推广智慧导览、智能导流、虚实交互体验、非接触式服务等应用，提升场景消费体验。培育一批新型消费示范城市和领先企业，打造数字产品服务展示交流和技能培训中心，培养全民数字消费意识和习惯
健全完善数字经济治理体系	强化协同治理和监管机制。鼓励和督促企业诚信经营，强化以信用为基础的数字经济市场监管，建立完善信用档案，推进政企联动、行业联动的信用共享共治。加强征信建设，提升征信服务供给能力
	增强政府数字化治理能力。建立完善基于大数据、人工智能、区块链等新技术的统计监测和决策分析体系，提升数字经济治理的精准性、协调性和有效性。推进完善风险应急响应处置流程和机制，强化重大问题研判和风险预警，提升系统性风险防范水平
	完善多元共治新格局。开展社会监督、媒体监督、公众监督，培育多元治理、协调发展新生态。鼓励建立争议在线解决机制和渠道，制定并公示争议解决规则。引导社会各界积极参与推动数字经济治理，加强和改进反垄断执法，畅通多元主体诉求表达、权益保障渠道，及时化解矛盾纠纷，维护公众利益和社会稳定

续表

政策概览	政策详情
着力强化数字经济安全体系	增强网络安全防护能力。加快发展网络安全产业体系，促进拟态防御、数据加密等网络安全技术应用
	提升数据安全保障水平
	切实有效防范各类风险。着力推动数字经济普惠共享发展，健全完善针对未成年人、老年人等各类特殊群体的网络保护机制
有效拓展数字经济国际合作	加快贸易数字化发展
	推动"数字丝绸之路"深入发展。构建基于区块链的可信服务网络和应用支撑平台，为广泛开展数字经济合作提供基础保障。推动数据存储、智能计算等新兴服务能力全球化发展
	积极构建良好国际合作环境

注："规划"于 2022 年 1 月 12 日发布。

后　记

Web3.0 的世界包罗万象，并且无时无刻不处在更新迭代之中。本书或许难以覆盖到 Web3.0 的方方面面，但相信它已经给予了你迈入 Web3.0 大门的钥匙，帮助你跨过阅读网络上繁多资料的障碍，赋予你思考未来的能力。站在 Web2.0 和 Web3.0 的交叉路口，还有很多问题值得我们思考，例如：

- Web3.0 究竟只是一时兴起的技术概念，还是人类确定奔赴的未来？
- Web3.0 真的会成为 Web2.0 的替代，还是在相当长的一段时间与 Web2.0 分庭抗礼、并行运转？
- Web3.0 将数据的所有权彻底归还给用户，这种自由真的是一件好事吗？

类似的思考曾发生在蒸汽机刚刚普及的时代，发生在电力初步成为通用能源的时代，发生在计算机这个新兴事物开始走向千家万户的时代。这或许就是科技文明演进的魅力，在推动着时代向前迈进的同时，又反复拷问着当前时代生活着的人们："你相信这就是我们的未来吗？""你希望看见一个怎样的未来？"在每个时代，人们对于科学技术的思考，与科学技术本身同等重要，这种思考让科技真正服务于人类社会，而不是使人类社会被科技所异化。Web3.0的发展，需要每个人保持这种思考。

最后，谨以《三体》中的一句话作为本书的结尾：

"给岁月以文明，而不是给文明以岁月。"

专家推荐

这是一本优秀的 Web3.0 入门书籍，它全面介绍了 DeFi、NFT 和 DAO 的相关知识。此外，本书还系统地讨论了 Web3.0 的项目管理，并分析了相关风险。对于那些想要了解 Web 3.0 世界的人来说，这是一本很有价值的书，我强烈推荐大家阅读。

新加坡国立大学风险管理研究所副所长　陈侃

相较于传统互联网，Web3.0 更加以人为本，更加强调用户权益与社群的价值。这本书可以帮助互联网从业者更好地了解未来的用户与社群。

Meta 大中华区业务总监　武阳

科技创新始终是驱动文娱产业不断进步的重要力量，Web3.0 相关技术的发展也为内容业的生产关系带来了新的思考和探索，利用区块链等技术将用户和用户创造的数据、内容与收益更好地绑定在一起。在内容生产端，对创作者的知识产权、创作激励提供更好的保障；在内容消费端，让用户可以更深度地参与到自己喜欢的内容、角色形象的建设中去。相信这本书可以帮助内容行业的从业者们更好地理解和适应未来的科技发展趋势。

爱奇艺高级副总裁　王学普

推动 Web3.0 的发展有利于促进各类创新要素的流动，加强数字经济新时代创新生态的建设。本书在 Web3.0 知识普及、鼓励大众树立新时代创新意识等方面都做得非常好。

36 氪集团高级副总裁，氪星创服董事长兼首席执行官　董博

Web3.0 将数据的所有权归还给了用户，并在数据与资产间建立了连接，进一步凸显了数据的价值。无论是互联网上的一般用户还是项目方，都需要基于多维度的数据指标进行各类决策，但决策的前提是了解 Web3.0 的基础知识，这一点可以通过阅读这本书来实现。

QuestMobile 首席执行官　陈超

Web3.0 对人类社会的重大影响，将远超 400 年前大航海时代荷兰东印度公司创造的股份制，以及由此开启的银行及资本市场等构成的现代经济体系所带来的巨大变革。它是人类进入数字文明的元宇宙时代必不可少的组织与经济及治理体系的关键性基础设施。这本《WEB3.0》将帮助大众打开对这个重要趋势的认知之门。

优实资本董事长，畅销书《元宇宙通证》《元宇宙与碳中和》

《元宇宙力》作者　邢杰

随着数字技术的不断进步，以全息化、不间断运行、去中心化、用户主导为主要特征的虚拟社会系统 Web3.0 时代正在悄然来临，本书所做的前瞻性研究，必将对数字经济发展方向和数字企业管理进阶路径起到引领作用。

北京师范大学经济与工商管理学院院长、教授　戚聿东

Web3.0 时代的来临将会对电子商务、社交媒体等传统互联网赛道产生深远影响。但目前来看，许多 Web3.0 项目仍存在诸多风险，需要项目管理者在保障用户合法权益的同时充分调动用户的积极性，全面赋能数字经济的发展。无论对于项目管理者还是互联网用户，本书都是很好的学习读本。

湖北省电子商务研究中心主任，华中师范大学信息管理学院副院长

卢新元

以区块链和数字货币为代表的 Web3.0 作为数字经济潜在使能技术，得到业界广泛关注。本书从社会经济活动角度探讨了 Web3.0 对金融系统、数字代币、自治组织和参与主体带来的影响和变化，有利于新手通过实例快速了解与数字经济相关的新兴技术概念和基础知识。

华中科技大学计算机科学与技术学院副教授　莫益军

区块链一直是赋能数字经济进步的有力手段，DeFi、NFT、DAO 的发展正在从方方面面塑造着未来互联网的全景。如果想要从

零开始了解这些知识，推荐大家看看这本书。

火币联合创始人　杜均

读完这本书，我印象很深的是：在 Web3.0 的网络空间里，因为治理结构的不断优化，用户在社区内交换知识的意愿大大加强，一个更好的知识传播生态就这样在互联网中形成了。这种"知识互联"的互联网非常让人向往。

南开大学商学院副教授　李旭光

这两年元宇宙与 Web3.0 成为最为热点的话题，这是随着数字经济不断深化而产生的新概念，本书为读者展现了一个丰富多彩的 Web3.0 世界，让内容创作者能够展望未来的行业生态，尽早开始做好准备，迎接未来。

北京电影学院未来影像高精尖创新中心虚拟制作实验室主任　王春水

在 Web3.0 的浪潮下，以区块链作为底层基础设施的种种新兴技术将深刻影响人们在数字时代的活动方式，将会促进数字经济"新基建"的新发展。作为最具活力的青年一代，杜雨、张孜铭撰写的这本书将为关心数字经济的年轻人开启 Web3.0 提供有效途径，有助于培养新时代的科技人才。

中国电子学会科普培训中心副主任、高级工程师　宁慧聪互联网的创新故事正在迎来下一个高潮，一群疯狂的极客发起了一场疯狂的运动。这场运动正在以 Web3.0 的概念闯入我们的视野。这是一场大型的社会实验——将更多的社会规则变成代码，推动去中心化的社会，消解不平等，让人类理想中的乌托邦变为现实。

Web3.0 所能到达的未来，冲击着人们的想象力。越来越多的人或主动或被动地卷入其中。如何理解下一代互联网的未来？这场运动正在如何演进？它将如何波及我们每一个人？

有关 Web3.0 的内容正呈爆炸式增长，如何过滤掉"噪声"，找到"信号"，这本书很及时地给了我们答案。本书精炼而全面地呈现了 Web3.0 的全景与脉络，更关键的是，本书用生动、有趣的语言，将原本复杂的技术概念与逻辑阐解得通俗易懂，称得上是"一本书入门 Web3.0"。

极客公园编辑　赵维鹏

在新的互联网时代到来之际，优秀的企业应该以开放的心态，去学习和接受新的理念与新鲜的事物。本书描述的 Web3.0 科技产业的发展现状，对于传统企业的数字化转型升级和品牌管理都有很多启发，值得好好研究。

安踏集团董事局主席兼首席执行官　丁世忠

新的时代背景下，Web3.0 为数字经济的发展注入了新的生命活力。本书深入浅出，对于 Web3.0 的介绍及诸多思考在当下都非常有价值。

招商证券计算机行业首席分析师　刘玉萍

　　确认用户在互联网上的各类合法数字权益，打造更开放的互联网是数字经济发展的重要前提。Web3.0 的到来加速了这两点的实现，本书在介绍各类知识的过程中重点表达了对此的思考。

WHICEB 会议出版主席，中国地质大学经济管理学院特任教授　池毛毛

　　数字经济的持续健康发展需要更多的人积极学习新兴技术，并投入到产业建设中，这本书为那些想要学习和了解 Web3.0 知识的人开设了第一门先导课。

瑞信证券（中国）有限公司证券研究部主管　刘帅

　　步入 Web3.0 时代后，社区的价值愈发突出，人与人的连接形成了一股巨大的力量，驱动着数字经济的生长，很高兴看到这本书通过生动的语言将这一点表现了出来。

锐谋首席执行官　周凌宇

　　虽然 Web3.0 仍然处于发展的早期阶段，但它已经在全球市场中展现出了巨大的增长潜力。如果你对这个蓬勃发展的新鲜事物感兴趣，可以读一读这本书。

知春资本合伙人　曾映龙